2ª EDICIÓN

EL PASO A PASO DE LA MEZCLA

CÓMO CREAR MEZCLAS INCREÍBLES **CON SÓLO 5 PLUG-INS**

Björgvin Benediktsson

AVISO DE RESPONSABILIDAD Y AVISO DE LA FTC

El Paso a Paso de la Mezcla

Cómo crear increíbles mezclas con sólo 5 plug-ins

Este libro es sólo para fines de entretenimiento. Los puntos de vista expresados son los del autor, y no deben tomarse como instrucciones o mandatos de expertos.

El lector es responsable de sus propios actos. El cumplimiento de todas las leyes y reglamentos aplicables, incluidos los internacionales, federales, estatales y locales que rigen la concesión de licencias profesionales, las prácticas comerciales, la publicidad y todos los demás aspectos de hacer negocios en los EE.UU., Canadá o cualquier otra jurisdicción es la única responsabilidad del comprador o lector. Ni el autor ni el editor asumen ninguna responsabilidad en nombre del comprador o lector de este material. Cualquier desprecio que se perciba hacia cualquier persona u organización es puramente involuntario.

A veces utilizo enlaces de afiliados en el contenido. Esto significa que si decides hacer una compra, recibiré una comisión de venta. Pero eso no significa que mi opinión esté en venta. Por favor, investiga por tu cuenta antes de realizar cualquier compra en línea.

ISBN: 978-1-7336888-4-0

Publicado por Björgvin Benediktsson y Audio Issues

Tucson, Arizona

www.Audio-Issues.com

Puedes encontrar más información sobre este libro y recursos adicionales en

www.StepByStepMixing.com/Resources.

Contenido

Regalo: Recursos de El Paso A Paso de la Mezcla

Como forma de agradecer tu compra quiero darte acceso exclusivo a los recursos del *El Paso a paso de la mezcla* en **www.StepByStepMixing.com/Resources**

Enseñar a otros cómo generar un mayor impacto con su música y producción de audio es lo que me apasiona. He creado Audio Issues para transmitir mis conocimientos y ayudarte a hacer que tu música suene mejor.

También tendrás acceso a más información sobre todos los recursos, plug-ins y equipos de los que hablo a lo largo del libro, así como cualquier actualización importante que necesites conocer.

Accede a la página de recursos gratuitos aquí: **www.StepByStepMixing.com/Resources**

Introducción

Cada vez que hablo con productores de Home Studios siempre hablan de los mismos problemas cuando están mezclando.

Es algo así:

"Me cuesta entender el espectro de frecuencias cuando intento que todos los instrumentos encajen en mi mezcla. No sé cómo hacer que mis guitarras suenen como las oigo en los discos que me gustan y siempre parecen enmascarar las voces.

El bombo y el bajo siempre parecen estar luchando en la parte baja, e incluso cuando utilizo trucos geniales que aprendí en Internet los bajos siguen siendo turbios. Cada vez que abro un compresor me pongo nervioso con todos los diferentes mandos y botones. Siempre acabo aplastando la batería con demasiada fuerza y mi mezcla se queda sin vida y muy lejos de las mezclas dinámicas que escucho de mis ingenieros de mezcla favoritos.

Incluso cuando consigo que mis instrumentos suenen como si estuvieran juntos, lo estropeo todo en cuanto empiezo a añadir efectos como el reverb y el delay a la mezcla. Y, por último, pero no por ello menos importante, suelo dejar de lado la saturación, a pesar de que sé que se supone debe aportar algo interesante a mi mezcla. Estoy demasiado nervioso y tengo miedo de distorsionar mi mezcla".

¿Te suena familiar?

¡Por supuesto que sí. ¡Por eso estás leyendo este libro!

Pero déjame contarte un secreto... Aunque puedes mezclar una canción de un millón de maneras diferentes (es una exageración, pero es para que te hagas una idea), puedes conseguir una mezcla de calidad con bastante facilidad, si sólo utilizas el 20% de los procesadores y plug-ins disponibles. ¿Qué 20% es ese? Te preguntarás, pues los cinco procesadores más importantes que todo ingeniero de mezcla profesional utiliza:

- EQ
- Compresión
- Reverb
- Delay
- Saturación

Este es el 20% de los plug-ins que se utilizan para obtener el 80% (y más) de los resultados de una gran mezcla. Incluso me atrevería a decir que el último 20% para llegar a una mezcla 100% impresionante está en las propias grabaciones, no en algunos plug-ins premium de lujo (aunque es muy divertido jugar con ellos).

El hecho es que, si dominas estos cinco procesadores, estarás listo para hacer una mezcla de primera en tu Home Studio, tanto si trabajas en maquetas para tu banda, como si mezclas discos para tus amigos y clientes.

Espero que después de leer este libro, compartas tus éxitos conmigo, como hizo Greg hace un tiempo:

> *"¡Hola hermano! Tengo tu [libro de El paso a paso de la mezcla]. Lo compré hace un año y medio y ahora me han contratado para mezclar un montón de canciones. Estoy muy agradecido de haber encontrado tu libro. Soy productor, pero siempre tenía problemas para que mis temas sonaran bien, así que siempre contrataba a alguien para que los mezclara por mí y salían bien, pero nunca como yo quería, ya que tenía una visión y nunca podía sacarla de mi cabeza ¡ya que no conocía las herramientas! ¡De todas formas! Has hecho una gran diferencia en mis ingresos hermano. Estoy muy agradecido".*

Así que en las siguientes páginas nos adentraremos en estos cinco plug-ins y te ayudaré a saber de qué se trata todo este alboroto.

El hecho es que, si dominas estos cinco procesadores, estarás listo para hacer una mezcla excelente en tu Home Studio, ya sea que estés trabajando en maquetas para tu banda o mezclando discos para tus amigos y clientes

Cada capítulo tendrá dos partes:

1. **Explicaciones sobre la teoría de lo que hacen los plug-ins y cómo utilizarlos**: Obtendrás un recorrido exhaustivo por las distintas regiones del espectro de frecuencias. Entenderás exactamente cómo utilizar los compresores. Aprenderás todo sobre los distintos ajustes del reverb y el delay (¡algunos reverbs son demasiado complejos!) y te familiarizarás con el uso de la saturación (¡sin sobrecargar y distorsionar tus mezclas!).
2. **Problemas comunes y sus soluciones prácticas:** Después de entender cómo funciona cada procesador, hablaremos de algunos escenarios del mundo real. Te daré algunos consejos prácticos y fáciles de usar para que tus mezclas llamen la atención cuando las escuchen.

¿Qué te parece esto? ¿Listo para empezar?

¡Vamos!

Una Observación Sobre la Mezcla

La mezcla es un concepto muy subjetivo. Hay muchas variaciones de una "buena" mezcla. Una mezcla por la que pagas 200 dólares y otra por la que pagas 400 (o incluso 4000) no siempre tienen el doble de calidad. Tiene que ver con la experiencia del ingeniero de mezcla, la demanda de sus servicios y su disposición a trabajar con el presupuesto que tengas.

Además, las mezclas son difíciles de enseñar porque cada canción es diferente y plantea distintos retos. En las siguientes páginas te daré mi "regla 80/20" para mezclar: en lo que más te debes enfocar para obtener las mayores ganancias. Aprenderás sobre los temas más importantes de la mezcla para que puedas mezclar tu propia música con confianza.

Recuerda que las habilidades de mezcla mejoran con la práctica, no con la lectura de libros (irónicamente...), así que te animo a que mezcles toda la música que puedas para mejorar tus habilidades. Si buscas canciones para mezclar, tengo un montón de recursos para ti, con un enlace a cientos de multipistas en la sección de recursos de ***El paso a paso de la Mezcla***: **www.StepByStepMixing.com/Resources.**

Una vez que tienes una buena grabación, no es el software que utilizas lo que hace que tu mezcla sea buena, son tus conocimientos de mezcla y tus habilidades lo que hacen una gran mezcla.

Desde luego, no soy el mejor ingeniero de mezcla del mundo. A veces ni siquiera creo que sea tan bueno, pero eso tiene más que ver con la eterna presencia del "síndrome del impostor" y mi inseguridad neurótica, que con la falta real de habilidad. Sin embargo, sé lo suficiente como para enseñarte las cosas en las que debes centrarte y los errores que debes evitar. Estoy aprendiendo constantemente con cada nueva producción y tú también deberías hacerlo.

Así que lee este libro haciendo hincapié en mantener grandes ideas en mente e ir probando todo en tantos multitracks como puedas tener en tus manos.

Una Nota Importante sobre los Daws

Me esfuerzo por ser agnóstico en cuanto al software de audio que se utiliza. Esto significa que este libro se puede utilizar con cualquier estación de trabajo de audio digital (DAW), siempre y cuando tenga los procesadores y plug-ins necesarios para crear una gran mezcla. El 99% de los programas de audio de hoy en día tienen los plug-ins necesarios, pero hay algunos programas que son más "editores" de audio que "estaciones de trabajo" de audio, lo que significa que pueden no tener la mayor flexibilidad a la hora de mezclar.

Personalmente, uso Logic Pro X y me encanta. Sin embargo, también he utilizado Pro-Tools en el pasado y en los Icelandic Embassy Studios utilizamos una combinación de Cubase y Logic Pro X porque ni yo ni mi socio queremos aprender el DAW del otro.

También es importante destacar que ningún DAW es mejor que otro. Todo depende de las habilidades del usuario. No volveré a cambiar a Pro-Tools porque me he familiarizado tanto con Logic a lo largo de los años que simplemente no tiene sentido que vuelva a cambiar. Muchos músicos creen que tener Pro-Tools es lo que hace que un estudio de grabación sea profesional. Se equivocan. Un estudio de grabación es profesional cuando cuenta con ingenieros de audio expertos que atienden a sus clientes y les hacen sentir lo suficientemente cómodos como para hacer una gran grabación. Una vez que tienes una gran grabación, no es el software que utilizas lo que hace que tu mezcla sea buena, sino tu conocimiento de mezcla y tus habilidades, que hacen una gran mezcla.

Por último, te toca aprender a utilizar tu DAW. Los detalles técnicos de cómo funcionan ciertas cosas en la DAW de tu elección pueden ser ligeramente diferentes. Por ejemplo, el uso de grupos y buses es una forma estándar de organizar tus sesiones, pero cada DAW lo hace de forma ligeramente diferente. Así que, si no sabes cómo usar tu DAW para organizar las pistas, importar archivos, usar la ventana de arreglos o el mixer, no necesitas leer este libro todavía. Deberías empezar por el manual de tu DAW. En este libro utilizaré términos generales que puedes utilizar en cualquier DAW. Sin embargo, depende de ti saber cómo hacerlos dentro del DAW de tú elección.

Capítulo 1
Pre-Mezcla

Incluso antes de empezar a mezclar tu canción, tienes que asegurarte de que está lista para ser mezclada.

Algunas personas producen sus canciones y las mezclan al mismo tiempo. Es un buen método si haces el papel de productor, ingeniero de grabación e ingeniero de mezcla al mismo tiempo. Eso significa que tienes una visión de la canción desde el principio y sabes exactamente hacia dónde quieres llevar la producción durante todo el proceso.

¿CUÁNDO COMIENZA LA MEZCLA?

Así que hablemos un poco de lo que significa "empezar a mezclar".

Para nuestro propósito, consideraremos la mezcla como un paso separado del proceso de producción. Imaginemos que otra persona se encarga de la producción y el seguimiento, y que otra persona se encargará de la masterización. Así que tu trabajo es sencillo: subir los faders y ponerte a trabajar.

Pero si participas en todo el proyecto de principio a fin, las líneas se difuminan un poco. Si haces el seguimiento del proyecto y eres tú quien decide los sonidos y la producción de cada instrumento, estás añadiendo un poco de tu forma de pensar de ingeniero de mezcla a todo el proyecto. Tienes una idea de cómo deben sonar las cosas en última instancia, así que básicamente lo haces todo pensando en el resultado final.

> **Tienes una idea de cómo deben sonar las cosas en última instancia, así que básicamente lo haces todo pensando en el resultado final.**

Cualquiera de las dos formas es genial, sólo que hay un interesante cambio mental en tu proceso de pensamiento dependiendo de cuándo te involucres en el proceso. Acabarás haciendo muchas de las mismas cosas en la mezcla, independientemente del grado de implicación, pero seguirás viéndolo desde dos puntos de vista diferentes.

En cualquier caso, no puedes empezar a poner plug-ins y procesadores hasta que el proceso de grabación, producción y edición haya terminado.

Imaginemos que hemos terminado de grabar todos los instrumentos y que todos los overdubs (sobreposición de capas de audio) están hechos. Eso significa que tienes una canción terminada con todas las pistas, lista para el siguiente paso.

Y ese paso es... no mezclar. Antes de mezclar, tienes que preparar las pistas grabadas para la mezcla. Tienes que limpiar toda la basura de tus pistas.

LAVA LOS PLATOS PARA PODER COCINAR EN LA COCINA

He aquí una analogía para ti, a ver si puedes seguir el ritmo. Cocinar es genial. Lavar los platos después es terrible. Y es aún peor cuando los dejas en el fregadero hasta la próxima vez que tengas que cocinar. Entonces no sólo tienes que lavar los platos antes de cocinar, sino que TAMBIÉN tienes que hacerlo después.

Terrible, ¿verdad?

Es lo mismo con la mezcla. Si limpias las pistas antes de empezar a mezclar tendrás una experiencia más agradable. No quieres que el ruido del track de voces se cuele durante el solo.

Así que antes de empezar a mezclar, haz estas dos cosas:

- **Recorta las regiones y elimina los silencios entre partes.**
- **Añade fundidos a todas las regiones para que no aparezcan bruscamente (Haz un fade)**

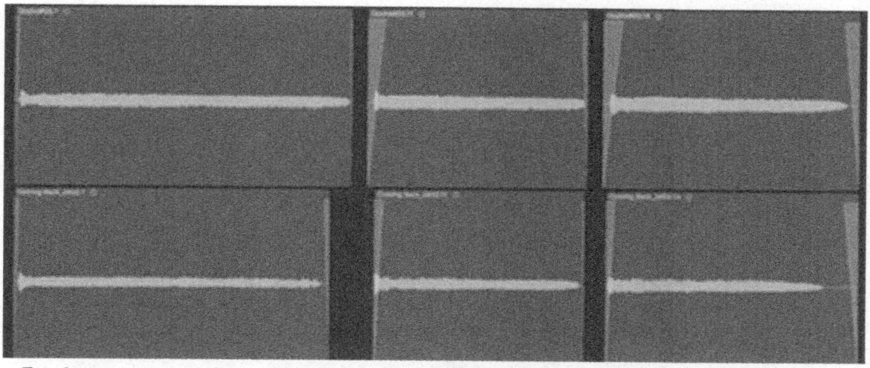

Regiones recortadas con fundidos para eliminar el ruido entre las partes que queremos de los instrumentos

Volviendo a la analogía de "lavar los platos", si la cocina está limpia, sé dónde está todo y puedo encontrarlo inmediatamente. Si dejo los platos sucios en el fregadero, inevitablemente tendré que rebuscar entre los platos sucios para encontrar ese utensilio que necesito para cocinar.

Si no editas tus pistas primero, te encontrarás con problemas similares. Te darás cuenta de un molesto clic en alguna parte, un golpe de batería mal alineado o un ruido de fondo que deberías haber editado. Esto dificulta el flujo de trabajo, ya que tienes que ir constantemente entre el proceso de mezcla y de edición.

Si siempre saltas de proceso en proceso, nunca te centrarás plenamente en un aspecto de tu producción.

Si siempre saltas de proceso en proceso, nunca te centrarás plenamente en un aspecto de tu producción.

Es mejor cocinar con la cocina limpia. Tener el fregadero lleno de platos y utensilios que puedas necesitar sólo te va a robar el placer de hacer la comida. Lo mismo ocurre con la edición. Te robarás el placer de mezclar, si el proceso de edición te acosa constantemente en el fondo de tu mente.

Y al igual que el lavado de platos, la edición es bastante aburrida. Es tediosa y normalmente poco creativa. Pero si la pasas por alto y la ignoras, te quedarás con una producción inferior.

Así que, como regla general, edita primero y luego céntrate en la mezcla. Una vez que edites y todo suene y se sienta muy bien, entonces estarás listo para empezar a mezclar.

Capítulo 2
Mezcla Sin Plug-Ins

Antes de empezar a utilizar el ecualizador, la compresión, la saturación, el delay y el reverb, vamos a hablar de algo que es muy importante hacer incluso antes de empezar a usar plug-ins en tus pistas.

¡ORGANIZA!

Lo primero que debes hacer antes de empezar a jugar con tus plug-ins es organizarlo todo para que el proceso de mezcla sea más rápido.

Antes de empezar a mover los faders, asegúrate de organizar tus pistas para poder moverte velozmente por la sesión sabiendo exactamente lo que estás buscando.

Una buena forma de hacerlo es utilizar un código de colores. Asignar a todas las pistas y regiones un color diferente en función del instrumento o grupo de instrumentos, que sean ayuda a tu flujo de trabajo. Las pistas de diferentes colores ayudan a tus ojos y a tu cerebro a saltar directamente a la pista correcta cuando te desplazas de un lado a otro en tu mixer.

Esto resulta especialmente útil cuando has añadido un montón de grupos y tienes una sesión aún más grande que con la que empezaste. Además, es una buena idea apegarse a la misma combinación de colores cuando estés mezclando para que entrenes a tu cerebro y sepas a qué exactamente está asignado cada color en cada sesión.

Por ejemplo:

- La batería y la percusión son rojas
- El bajo es púrpura
- Las guitarras acústicas son de color naranja
- Las guitarras eléctricas son de color verde
- Las voces son de color azul oscuro
- Los teclados, los pads aleatorios y demás son de color púrpura

Por supuesto, esto es sólo un ejemplo.

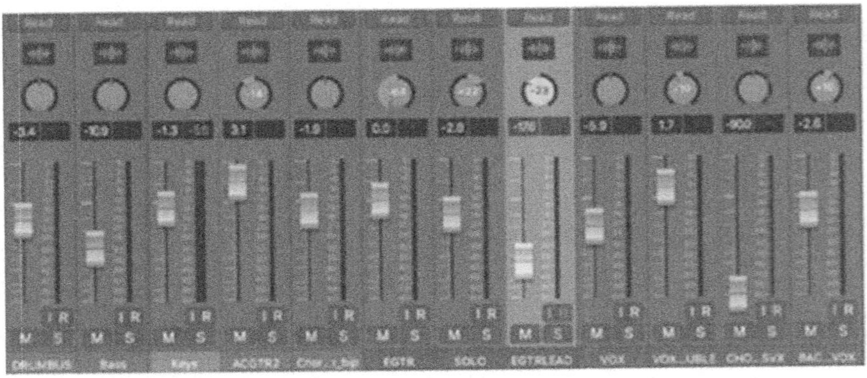

Ejemplo de pistas codificadas por colores que son fáciles de encontrar. (captura de pantalla del recurso en vídeo Mixing With 5 Plug-ins que puedes encontrar en www.stepbystepmixing.com/resources)

Puedes usar tus propias preferencias de color, por supuesto. Puedes ir más allá con este esquema y hacerlo más elaborado. De hecho, la razón por la que mis guitarras eléctricas son verdes es porque Andrew Scheps (ingeniero de mezclas de RHCP, Beyoncé, Adele y U2) habló de ello en una conferencia de la AES hace unos años. Mencionó que incluso llega a relacionar el gradiente del verde con la limpieza de las partes de la guitarra. Así que cuanto más limpio sea el tono de la guitarra, más claro es el verde.

Así que usa el código de colores, ¡pero no te enredes tanto en ello para que luego no puedas seguir mezclando!

ESCUCHA CRÍTICA Y VISUALIZACIÓN DE LA MEZCLA

Hay varias maneras de empezar a mezclar y balancear las pistas. Una buena forma de empezar es simplemente escuchar la canción y prestar atención a lo que se oye con todos los faders arriba. De este modo, te darás cuenta inmediatamente de si algo está demasiado alto o demasiado bajo.

Mira todas las pistas con las que estás trabajando y piensa en cuál debe ser tu objetivo final. ¿Se trata de una gran pista de EDM en la que tienes que pasar por innumerables samples y ritmos antes de ponerte a mezclar? ¿O se trata de una pista pequeña con guitarra, voz y percusión que debe ocupar un lugar importante en la mezcla?

Una buena forma de empezar es simplemente escuchar la canción y prestar atención a lo que se oye con todos los faders arriba. De este modo, te darás cuenta inmediatamente si algo está demasiado alto o demasiado bajo.

El tipo de producción en el que estés trabajando influirá en tus decisiones de mezcla. La gran canción EDM de 100 pistas requerirá mucha más definición con EQ que la pequeña canción acústica de 4 pistas que puede llenar la mezcla fácilmente sin que ninguno de los instrumentos choquen en la mezcla.

Lo mismo ocurrirá con el uso de la compresión y los efectos. Los grandes efectos de compresión pumping (de empuje) pueden ser exactamente lo que te gustaría escuchar en una mezcla de EDM... pero la guitarra acústica no sonará tan bien cuando esté sonando muy fuerte. Sonará fuera de lugar.

Mientras escuchas, también puedes observar las formas de onda en la ventana de arreglos para ver el volumen general de las pistas. Esto te ayuda a detectar las pistas que pueden ser muy importantes pero que tienen un nivel ***demasiado bajo en comparación con las demás***. No querrás que se te escapen porque podrían ser partes muy interesantes de la canción. Por ejemplo, una pista de guitarra principal puede ser una parte muy importante, pero si se grabó con un nivel demasiado bajo en comparación con todo lo demás, quedará enterrada entre las demás pistas.

No puedes esperar que todas las pistas se equilibren por arte de magia, así que asegúrate de anotar cualquier cosa que destaque durante la primera escucha. Quizás la batería esté bastante equilibrada por sí sola, pero la pandereta está un poco alta, o el bajo está enterrado en la mezcla y todas las guitarras son una especie de papilla. Además, puede que las voces necesiten centrarse en el cantante principal y no tanto en el vocalista de apoyo.

Mantén un oído crítico, sobre todo lo que ocurre en las pistas y presta atención a cómo se relaciona cada pista con la mezcla general. Sin embargo, y por eso es tan importante escuchar con oído crítico, cuando te acercas a una canción que vas a mezclar, tienes que asegurarte de que se destaquen las mejores partes de cada instrumento.

Es perfectamente posible hacer una mezcla plana que suene realmente bien, en la que todo sea audible, pero nada destaque. Esto hace que sea una gran mezcla naturalmente, pero puede sonar aburrida y bidimensional porque no hay nada que realmente impulse la mezcla y la haga emocionante.

Aquí es donde entran en juego la automatización, la subida y bajada en la mezcla. No se trata sólo de las partes en las que la guitarra y los teclados se mezclan y son el centro de atención (lo cual es importante), sino también de escuchar cada pista y detectar frases interesantes en la interpretación que puedas realzar y llamar la atención con esto.

Puedes optar por dejar algunas de las cosas de automatización matizadas hasta la fase final de la mezcla, pero es bueno tomar notas al respecto durante la mezcla inicial.

Puedes optar por dejar algunas de las cosas de automatización matizadas hasta la fase final de la mezcla, pero es bueno tomar notas al respecto durante la mezcla inicial.

Mientras escuchas la canción, haz este ejercicio que me gusta llamar Piensa alto, ancho y profundo.

1. Piensa Alto - Frecuencias

Con los ojos cerrados, ¿qué necesita ser alto? ¿Qué elementos necesitan frecuencias altas y cuáles necesitan frecuencias bajas? ¿A qué instrumentos puedes quitarles la parte superior y colocarlos en el extremo inferior? ¿En qué instrumentos puedes filtrar lo pesado y hacer que brillen en los agudos? ¿Qué es lo que hay que abarcar en el medio?

2. Piensa Ancho - Paneo

Piensa en dónde debe situarse cada instrumento de izquierda a derecha. Tienes que rellenar el espectro estereofónico, así que panea tus instrumentos alrededor de tu lienzo. Los artistas deben rellenar sus lienzos, no sólo pintar en el centro.

Lo mismo ocurre contigo. No lo coloques todo en el centro del espectro estéreo; en su lugar, distribúyelo y encuentra un buen lugar para cada instrumento.

3. Piensa Profundo – Reverb, delay y efectos

Piensa en los instrumentos que deben estar atrás y en los que deben estar delante. Visualiza mentalmente cómo los acercas o los alejas. Piensa en la mezcla como una imagen en 3D.

Con el volumen, el reverb y los efectos puedes colocar cualquier cosa en cualquier lugar de la sala. Por ejemplo, si quieres la batería junto a la pared trasera, sabes que tendrás que añadir algo de reverb y bajar el volumen de la batería en seco (sin los micrófonos del room). Empuja hacia atrás con reverb y efectos; tira hacia delante con más volumen y delays cortos.

Una vez que hayas visualizado todos los elementos en términos de altos y bajos, izquierda y derecha, y delante y detrás, tendrás una mejor idea de hacia dónde te diriges y qué necesitas hacer.

Este ejercicio de escucha crítica es algo que puedes hacer sin necesidad de utilizar ningún plug-in. Así que conviértelo en un hábito para todas tus futuras sesiones de mezcla: Escucha la canción hasta el final y toma nota de dónde quieres que vaya todo en el espectro de frecuencias, la imagen estéreo y la profundidad del tema.

BALANCE INICIAL Y HEADROOM

Cuando se trata de equilibrar, me gusta empezar con mis niveles bastante bajos porque sé que se irán haciendo más fuertes a medida que avance en el proceso de mezcla. Esto hace que te concentres realmente en escuchar lo que está pasando en la mezcla y qué efecto (si es que hay alguno) está teniendo algunos de tus movimientos de mezcla.

Por ejemplo, es especialmente bueno cuando se mezcla el bus de la batería. Te obliga a escuchar realmente la diferencia que pueden suponer unos pocos cambios de decibelios aquí y allá con un ecualizador. Si te esfuerzas por escuchar los cambios que haces a niveles de frecuencias bajas, te resulta más fácil mezclar porque estás entrenando tus oídos para que sean más sensibles. Es un gran ejercicio de concentración y atención al detalle.

Cuando hago un balance inicial me gusta mover todos los faders hacia abajo unos pocos dB por debajo de la ganancia unitaria para que haya más espacio para trabajar. He descubierto que bajar las pistas para que todas alcancen un pico de -11 dB es un buen punto de partida. Si algunas pistas son demasiado silenciosas o ruidosas, puedo ajustar el volumen de cada una de ellas sin sobrecargar los canales ni saturar los faders. No quieres subir el fader de una pista hasta el final cuando puedes bajar los canales más ruidosos.

A partir de ahí, simplemente maneja los faders en su sitio. No te preocupes de que el balance sea absolutamente perfecto de inmediato. Puede que ciertos instrumentos estén demasiado altos en el estribillo en comparación con las estrofas, o viceversa. O tal vez la voz sea muy dinámica y no consigas encontrar el punto adecuado para ella. No te preocupes demasiado por eso durante el balance inicial.

El balance es sólo el primer paso. Pronto añadiremos la ecualización para crear espacios en el espectro de frecuencias y la compresión para ocuparnos de la dinámica. Sin embargo, dedicar un poco más de tiempo a encontrar el mejor equilibrio al comienzo te ahorrará tiempo a lo largo del proceso de mezcla.

Además, trata de no aislar las pistas ni soltar nada en la fase inicial de la mezcla. En su lugar, sube el fader para escuchar lo que aporta a la mezcla. A continuación, vuelve a bajarlo y mézclalo en el contexto de la pista. Esto es muy importante y puede ser una mejor manera de escuchar las cosas en relación con el resto de la pista. Por ejemplo, si tengo varias pistas de bombos y platillos, los escucho en el contexto de la mezcla, luego los empujo hacia abajo hasta que encajen con la batería y sigo adelante. A veces se trata más de la velocidad que de la precisión exacta.

Lo mismo ocurre con los overheads, varias pistas rítmicas o un grupo de coros. Sólo tienes que subir el fader, escuchar lo que hace y volver a bajarlo hasta que sientas que el balance es el adecuado.

MEZCLA EN MONO

Mezclar en mono es una parte importante del proceso de mezcla. Personalmente, empiezo a mezclar casi totalmente en mono en un Behringer Mixcube durante las primeras horas hasta que tengo una mezcla aproximada. Si consigues que tu mezcla suene bien en mono en un Mixcube, te sorprenderás de lo bien que suena cuando finalmente la pases a estéreo y la pases por tus monitores de estudio.

En resumen, si consigues que tu mezcla suene bien en mono en un Mixcube, normalmente sonará bien en cualquier otra parte.

La próxima vez que mezcles, intenta hacerlo a niveles más bajos de lo habitual, en mono y en un altavoz realmente malo. Es como los atletas que corren con pesas en los pies. Hacen que el entrenamiento sea deliberadamente duro y se les hace cuesta arriba para que, cuando se quiten las pesas, todo les resulte más fácil.

PANEO EN MONO

El paneo es importante. No quieres que todas las pistas se peleen por el centro. Por ejemplo, el paneo de la batería es una forma importante de ampliar y establecer el espectro estereofónico.

Si tienes todo tipo de elementos e instrumentos diferentes, tienes que encontrar un lugar para ellos en el espectro estereofónico. Mueve todo hasta que encuentres un buen equilibrio. No importa si eres un experto en el paneo de izquierda-centro-derecha o si te gusta distribuir las cosas por incrementos en la perilla. Ten en cuenta que tampoco quieres inclinar el equilibrio de los instrumentos demasiado hacia la derecha o la izquierda. En su lugar, intenta encontrar un buen equilibrio y balance entre el altavoz izquierdo y el derecho.

Si tienes todo tipo de elementos e instrumentos diferentes, tienes que encontrar un lugar para ellos en el espectro estereofónico. Haz un paneo de todo hasta que encuentres un buen equilibrio.

Una buena forma de hacerlo es mantener las cosas en mono y panearlas. Te resultará más fácil crear una separación en tus instrumentos si no tienes que escuchar tus panorámicas en estéreo. ¿Contraintuitivo? Tal vez.

Pero funciona.

El paneo en mono te da una forma diferente de colocar los instrumentos en tu mezcla. Ya no estás paneando en el campo estéreo, ya que has pasado la mezcla a mono, pero todavía puedes oír una diferencia en la separación de los instrumentos al hacerlo de esta manera. No estoy del todo seguro de las implicaciones técnicas de esto, pero supongo que podría tener algo que ver con el nivel "relativo" de las pistas paneadas en comparación con las pistas centradas. Esa es la explicación más lógica que se me ocurre sin conocer la física exacta que hay detrás.

Entonces, una vez que pases tu mezcla a estéreo obtendrás esa impresionante sensación de que tu mezcla se abre completamente. Puede que no encuentres este método mencionado en ningún otro sitio, pero a mí me ha resultado muy útil a la hora de enfocar mis mezclas. Está bien experimentar, incluso si no sabes por qué funciona algo.

BALANCE DE LA BATERÍA

Hablemos del equilibrio de la batería. Dado que la batería es una combinación de varios instrumentos y micrófonos diferentes, puede darte múltiples opciones (¡o dolores de cabeza!) según el tipo de sonido que busques. Si busco un sonido de batería más natural, tiendo a enfatizar los overheads y mantener los micrófonos de sala más presentes que las pistas de batería individuales. Casi se puede considerar que un micrófono de sala es un micrófono que cumple la función del reverb, que agranda o empequeñece la batería en función de su volumen. Por el contrario, si quieres una mezcla de "bombo y caja" es cuestión de bajar los overheads y dejar que los micros de bombo y caja sean los que hablen y sean los protagonistas de la conversación.

Puedes obtener más detalles si tienes varias pistas de cada tambor (drum), por ejemplo, si tienes un micrófono caja arriba (over-snare)y otro, caja abajo (under-snare). ¿Quieres un sonido de caja con mucho ruido? Entonces haz que el micrófono de la bordonera esté más alto. ¿Quieres más ataque? Acentúa el micrófono superior.

Los micrófonos superiores también afectan a la amplitud de tu mezcla. Si quieres una mezcla amplia, debes panear los overheads a la izquierda y a la derecha. Si quieres mantener la mezcla de batería más centrada, un paneo más estrecho de los overheads te ayudará a conseguirlo. Esto es más una cuestión de gustos que una regla estricta, así que siéntete libre de experimentar como quieras. He escuchado todo tipo de sonidos de batería diferentes, desde los abiertos y amplios hasta los completamente paneados a la derecha (¡hola Beatles!).

Una de las cosas con las que a menudo peleo es el nivel de los toms. Quieres que suenen realmente cuando el baterista hace un break, pero no quieres que suenen separados del resto del sonido de la batería. Para conseguirlo, es importante combinar correctamente el sonido de los overheads y el balance de los toms individuales, pero si no te centras mucho en los overheads, puede que sea necesario añadir profundidad a los toms con reverb, además de mantenerlos consistentes en la mezcla de batería con compresión.

Cuando tengas un buen equilibrio de la batería en el contexto del resto de los instrumentos, puedes pasar a hacer que el resto de las pistas encajen. El bajo puede ser empujado hasta donde se sienta audiblemente en la mezcla sin añadir demasiado desorden en el extremo inferior (frecuencias bajas). No te preocupes si los bajos suenan demasiado fuertes o turbios. Más adelante utilizarás la ecualización para dominar los graves, siempre hay que re-equilibrarlos durante todo el proceso de mezcla.

Una vez que pasas a las guitarras, tienes que pensar en el papel que desempeñan en la mezcla. ¿Se trata de una canción en la que predomina la guitarra o las guitarras sólo sirven de apoyo? Eso influirá en tu decisión del nivel de las guitarras. ¿Hay una combinación de varias partes de guitarra que tocan cosas diferentes, o una combinación de guitarras acústicas y eléctricas? Eso no sólo influirá en el equilibrio de la mezcla una vez que decidas qué guitarras son más importantes, sino que también influirá en tus decisiones de paneo, ya que no querrás que choquen en el espectro estereofónico.

Además, ¿las pistas de guitarra son dobles? ¿Estos suenan todo el tiempo o aparecen durante varias partes del arreglo, como en el estribillo para elevar la canción a otro nivel? Si es así, tienes que asegurarte de que la mezcla no se desvíe accidentalmente hacia un lado a otro del espectro estereofónico o que ahogue las partes de guitarra normales.

En una canción en la que predomina la guitarra, también tienes que pensar en los niveles de la guitarra en relación con la voz. No querrás ahogar la voz porque es la parte más importante de la canción, y tampoco querrás que la guitarra desplace a la voz en el centro de la mezcla. Si sólo hay una parte de guitarra y la paneas, la mezcla puede ser desigual. Si ese es el caso, tienes la opción de darles a ambos, espacio en el centro con EQ y/o reverb. Pero si puedes panear las guitarras fuera del centro es una buena manera de hacer espacio para la voz. Como alternativa, si sólo tienes una parte de guitarra, pero una voz doble, panear cada pista vocal -10 y +10 hacia los lados las desplazará ligeramente fuera del centro y liberará algo de espacio para la guitarra.

Pero basta de hablar del balance de la guitarra...Podría seguir durante horas.

Es posible que la mezcla sea desigual si sólo hay una sola parte de guitarra y se desplaza la guitarra fuera del camino.

LA REGLA DE 1 DB

La regla de 1 dB es un truco que le robé a mi amigo Mike Senior, que escribió sobre ella en su libro "Mixing Secrets for the Small Studio". La regla proviene de uno de los ingenieros de mezclas que entrevistó en el libro, no recuerdo a quién, pero es una regla que sigo hasta la muerte cuando me cuesta conseguir una mezcla inicial estática.

Funciona así: sube o baja cada pista 1 dB. Si la mezcla suena mejor, prueba con otro dB hasta que empiece a sonar peor. Cuando no puedas mover una pista un dB hacia arriba o hacia abajo sin empeorarla, estarás tan cerca del punto óptimo como puedas conseguir sólo con los niveles. Lo mismo ocurre con el paneo. El simple hecho de alejar unos instrumentos de otros en el espectro estéreo limpia la mezcla.

Sigue el mismo patrón con otros instrumentos, ya sean loops de batería, teclados, instrumentos acústicos adicionales, sintetizadores o voces. Si los colocas en su sitio y subes o bajas cada pista 1 dB cada vez, conseguirás un buen equilibrio inicial.

PROBLEMAS DINÁMICOS DEBIDOS AL ARREGLO.

Puede que estés pensando: "Bueno, es genial conseguir una buena mezcla estática en una parte de la canción, pero los estribillos son mucho más fuertes que las estrofas, así que mi equilibrio se desajusta en cuanto llega el estribillo".

Este es un problema muy común. No vamos a solucionarlo del todo al principio porque la mejor manera de hacerlo es con la automatización y eso lo veremos más adelante, pero esto es lo que recomiendo:

> *Crea un balance estático aproximado de tu mezcla en la parte más fuerte de la canción.*

La parte más ruidosa de la canción suele ser el último estribillo, porque ahí es donde se encuentran todos los overdubs (las pistas de audios) y partes vocales extra. Es la parte de la canción más difícil de equilibrar debido al número de pistas que hay. Pero si consigues una buena mezcla estática ahí, el resto de la canción encajará más fácilmente.

PIENSA EN LO RÁPIDO, NO PERFECTO

No hay una sola manera de conseguir un buen equilibrio inicial, y desde luego no hay ninguna regla sobre dónde debes panear los instrumentos. Nadie ha perdido un trabajo de mezcla por haber paneado demasiado el shaker a la izquierda.

El objetivo de la mezcla inicial es crear la mayor separación posible entre los instrumentos en el campo estereofónico (incluso si estás paneando en mono) y crear un equilibrio entre todos los instrumentos con volumen.

El tipo de equilibrio que busques depende de ti. Si eres un guitarrista, lo más probable es que quieras que tus guitarras estén fuertes. Si eres un vocalista acomplejado como yo, probablemente harás que tus voces sean más silenciosas que si le dieras la canción a otro ingeniero de mezcla.

No te preocupes demasiado por conseguir un equilibrio perfecto para empezar. Lo que quieres es moverte rápido. Hay una razón por la que lo llamamos mezcla aproximada. Es seca porque no has añadido ningún tipo de procesamiento para que esos instrumentos destaquen. A veces, consigo hacer una mezcla aproximada en unos siete minutos, pero eso puede ser demasiado rápido para ti. Yo recomendaría que al principio se hiciera una mezcla aproximada en unos 20 minutos. Si tardas más, estarás haciendo pequeños ajustes que no son necesarios en esta fase del proceso de mezcla.

GRUPOS

Si consigues una buena mezcla estática con todas las pistas individuales y estás contento con el balance, puedes facilitar el resto del proceso de mezcla agrupando las pistas en subgrupos y buses. Esto te ayudará a reducir toda la mezcla a unos pocos elementos diferentes. De este modo, puedes utilizar plug-ins en todos esos buses en lugar de en cada pista individual. Ahorra potencia de procesamiento y te ayuda a mezclar más rápido.

Esta es una agrupación común que puedes utilizar en cualquier sesión de mezcla:

- **Batería y bucles de batería** - La batería va junta en un subgrupo. También puedes complicar esto enrutando todos los micrófonos del bombo en un grupo de bombo que luego se enruta en el grupo de batería. Puedes hacer lo mismo si tienes varias pistas de caja y también para los toms. Si trabajas con baterías virtuales, el proceso es el mismo. Si trabajas en un género en el que utilizas simples loops de batería estéreo, ya tienes los "drums" agrupados. Sin embargo, es posible que quieras agruparlas con cualquier otro instrumento de percusión si tiene sentido para ti simplificar de esa manera.
- **Percusión** - Si tienes varios tipos de percusión pueden estar en el mismo grupo que la batería, o en un grupo separado por sí mismo.
- **Pistas de bajo** - El bajo debería ser un grupo separado, ya sea un bajo o un instrumento de bajo sintetizado. Puede que ni siquiera necesites dirigirlo a un grupo, pero para mi flujo de trabajo me mantiene organizado sólo por la forma en que Logic Pro X trabaja con los grupos.
- **Guitarras** - Dependiendo de los tipos de pistas de guitarra que tengas, hay múltiples opciones para los grupos. Si sólo tienes un puñado de pistas rítmicas distorsionadas, puedes dirigirlas todas a un solo grupo. Pero si tienes varias pistas de guitarra rítmica, pistas de guitarra acústica y solos con varios

micrófonos, entonces querrás mantenerlas bastante separadas. La simplificación de la mezcla a través de los grupos depende de la disposición.

- **Voces** - En el caso de las voces, suelo tener un grupo de voces principales y, si hay muchas armonías, un grupo de voces secundarias.

Puede que trabajes con instrumentos completamente diferentes, pero el objetivo principal aquí es reconocer qué pistas van juntas de forma natural para poder simplificar la mezcla y facilitar el resto del proceso.

Ejemplo de grupos de mi plantilla de mezcla.

Ese es un punto de partida sencillo, y podrías ir aún más lejos y encaminar todos los instrumentos a un grupo de todos los Instrumentos para su posterior procesamiento. Sin embargo, si el objetivo es simplificar, ¡no querrás acabar con más pistas de grupos que pistas de las que ya hay en la sesión!

Otra razón para los grupos, aparte de la simplificación, es que te permiten rebalancear y ajustar fácilmente cada componente en forma general en la mezcla. Si estás satisfecho con el balance de la batería, pero quieres que la batería esté un poco más alta en general, es más fácil subir un fader de grupo en lugar de mover cada uno de los faders de las pistas individuales. Los grupos pueden incluso ayudarte a visualizar cómo se combinan los distintos elementos, lo que también te resultará útil cuando empieces a añadir efectos.

Otra razón para los grupos, aparte de la simplificación, es que te permiten rebalancear y ajustar fácilmente cada componente en forma general en la mezcla.

LAS 3 FORMAS DE ENFOCAR UNA MEZCLA INICIAL.

Si has hecho lo que te he comentado hasta ahora, tu sesión debería estar organizada y codificada por colores, con cada "elemento" de la mezcla dirigido a un bus diferente.

Lo mejor de los buses es que te permiten conservar la capacidad de procesamiento utilizando un único plug-in en varias pistas. Al hacer esto, también tienes que decidir dónde vas a empezar a usar los plug-ins, lo que me lleva a las tres formas diferentes de enfocar la mezcla inicial.

1. Mezcla individual de pistas.

Si decides no hacer ninguna agrupación de canales y quieres mezclar cada pista por separado, esto es lo que acabarás haciendo. Tal vez la canción no sea tan complicada y añadir buses no te ahorra tiempo o capacidad de procesamiento. Si ese es el caso, simplemente pon un plug-in en cada pista y mézclalas de esa manera.

2. Mezcla descendente.

La mezcla descendente es cuando empiezas a mezclar tu canción con plug-ins en el bus master. Una vez que tengas una buena mezcla estática, empezarás a añadir ecualización, compresión y otros plug-ins que den color a tu mezcla (como plug-ins de suma analógica o una ligera saturación de cinta al bus de mezcla). En realidad, es una buena forma de empezar a mezclar, ya que inmediatamente obtendrás grandes beneficios al ajustar la mezcla con la compresión, modificar la respuesta general del ecualizador y añadir algo de la salsa secreta con la saturación.

A partir de ahí, pasa de la parte superior (bus master) a los buses de grupo y finalmente termina en las pistas individuales. Con este método, es posible que necesites hacer muy poco procesamiento en la etapa de las pistas individuales porque ya has hecho grandes avances en tu mezcla al aplicar el procesamiento al bus master y a los subgrupos.

3. Mezcla en el medio.

La mezcla en el medio es cuando empiezas a usar plug-ins en los subgrupos en lugar de en las pistas individuales o en el bus master. (No sé si "Mezcla en el medio" es un término real o no, pero es como yo lo llamo). Suelo hacer una combinación de Mezcla en el medio y descendente cuando mezclo. A veces simplemente pongo un compresor en el bus maestro y luego empiezo a centrarme en los subgrupos. Si los subgrupos suenan bien, pero hay un problema de frecuencia general en toda la mezcla, me gusta intentar arreglarlo con un ecualizador maestro en lugar de profundizar en las propias pistas.

Una vez que haya ajustado los subgrupos y el bus master, paso a las pistas individuales si es necesario. Por lo general, las pistas individuales pueden beneficiarse de ligeros ajustes de ecualización, especialmente si estás tratando de separar cosas en la mezcla, como dos guitarras eléctricas de sonido similar. Otras veces hay que añadir compresión para que el sonido sea más fuerte. El bombo y la caja son dos ejemplos de ello.

RECAPITULACIÓN

Muy bien, terminemos este capítulo con un rápido resumen.

Si has estado siguiendo los pasos (ya sea en tu cabeza o dentro de tu DAW) esto es lo que debes hacer antes de pasar a la ecualización:

- Organiza tus pistas para que sepas dónde está todo.
- Mantén la misma alineación de pistas en tus sesiones para que sea más fácil encontrar todo.
- Codifica por colores tus pistas para entrenar a tu cerebro a saltar a los canales adecuados cuando estés trabajando.
- Dedica tiempo a escuchar las pistas y la canción y anota lo que te llame la atención y necesite una atención especial, como las pistas vocales muy dinámicas o las pistas de guitarra grabadas con suavidad que se ahogan en la mezcla. Utiliza la escucha crítica y anota todas las cosas que te parezcan interesantes de la canción.
- A veces hay pistas que necesitan un procesamiento diferente para cada parte de la canción. Por ejemplo, una voz puede necesitar un ecualizador y una reverberación diferente en el estribillo que en la estrofa. Si ese es el caso, comprueba si puedes "mult" (dividir la pista de audio en dos pistas diferentes), una para la "Voz del Verso" y otra para la "Voz del Estribillo".
- Dedica tiempo a ajustar los niveles. Sube cada pista un poco aquí y allá y observa las sutiles diferencias que se producen. Si los niveles están dispersos dentro de cada pista, puede ser difícil encontrar un nivel consistente. Puede que tengas que arreglar eso con compresión, o utilizando la automatización de inmediato.
- Por último, simplifica tu mezcla creando subgrupos y utilizando buses para facilitar la visualización de cada elemento de la mezcla.

Capítulo 3
Uso del Ecualizador

Ahora es el momento de empezar a utilizar el ecualizador. En la mezcla, la ecualización se utiliza básicamente de dos maneras diferentes: para limpiar algunas de nuestras pistas y para separarlas entre sí, de modo que cada instrumento tenga su propio espacio en frecuencia en la mezcla.

Deberías estar preparado para utilizar la EQ en todas las pistas, empezando por los buses y pasando luego a las pistas individuales.

Nota: En este capítulo te daré todos los conocimientos necesarios para empezar a utilizar la ecualización en tus mezclas, sea cual sea el género en el que trabajes. Sin embargo, la ecualización es uno de mis temas favoritos, por lo que tengo aún más información dentro de EQ Strategies - Your Ultimate Guide to EQ . Puedes encontrar más información al respecto dentro de los recursos de El Paso a Paso de La Mezcla: wwww.StepByStepMixing.com/Resources.

¿QUÉ ECUALIZADOR DEBES UTILIZAR?

Podemos debatir sobre qué ecualizador es el mejor durante todo el día y ambos estaríamos equivocados. Lo mismo ocurre con la mayoría de los plug-ins y procesadores. La mayoría de los programas de ecualización son muy parecidos. Por lo general, todos cumplen con su cometido. Algunos plug-ins pueden ser de un modelo ligeramente diferente, pero para nuestros propósitos un simple ecualizador visual funcionará bien. Por lo general, el ecualizador de serie es lo único que necesitas. Si tienes algún tipo de plug-in de ecualización "vintage" que suene ligeramente diferente, puedes ir y venir entre ellos dependiendo de lo que estés trabajando.

Por ejemplo, me encanta el plug-in Fabfilter Pro-Q2, es muy versátil y te ofrece un montón de opciones interesantes para encontrar las frecuencias que buscas. El ecualizador en sí es probablemente el mismo que el de Logic, pero la interfaz es más intuitiva y fácil de usar. También me gusta usarlo para hacer tutoriales porque es muy fácil para los estudiantes seguir el proceso en la pantalla.

Además de mi Pro-Q 2, suelo utilizar ecualizadores específicos que emulan algún tipo de hardware, como el V-EQ de Waves. Aunque tiene menos flexibilidad, tiendo a usar esos ecualizadores para dar color más adelante en la mezcla, o para volver a añadir algo que podría haberse perdido debido a la compresión.

LAS 3 FUNCIONES PRINCIPALES DEL ECUALIZADOR

Existen dos tipos de ecualizadores: gráficos y paramétricos. La mayor parte del procesamiento de la ecualización del canal se beneficiará del ecualizador paramétrico debido a su precisión.

Cualquier ecualizador paramétrico tiene tres parámetros:

- **Frecuencia** - Donde se selecciona la frecuencia que se quiere manipular.
- **Ganancia** - Donde decides si quieres aumentar (levantar) o atenuar (cortar) la frecuencia que has seleccionado.
- **Q** - Donde decides cuánto quieres afectar a las frecuencias alrededor de la que has elegido. Esto define técnicamente lo

amplio o estrecho que será el ancho de banda de la frecuencia seleccionada.

Encontrarás estos tres parámetros en todos los softwares de ecualización de alguna manera. Los plug-ins que emulan el hardware pueden tener frecuencias y Qs fijos, pero la función general es siempre la misma.

• LOS 3 MÉTODOS BÁSICOS DE EQ.

Aunque un ecualizador puede parecer bastante intimidante, en realidad es bastante sencillo de utilizar. Sólo hay tres cosas que puedes hacer:

- **Filtrar:**
  Cuando se filtran las frecuencias se eliminan por completo. Los filtros de paso alto se utilizan con frecuencia para eliminar las frecuencias bajas innecesarias de una mezcla y los filtros de paso bajo son comunes para controlar el siseo de las frecuencias altas.

- **Cortar:**
  Se denomina comúnmente ecualización sustractiva. Cuando se corta una frecuencia y se reduce su potencia en el espectro de frecuencias. A veces es necesario cortar sonidos molestos y resonancias en una pista específica. A veces es necesario cortar ciertas frecuencias para dejar espacio a otros instrumentos en una mezcla.

- **Potenciar**
  Al realzar las frecuencias, estás añadiendo más de ellas a la mezcla. Se refuerza para añadir algo que falta, como la presencia en una pista vocal, el ataque de una guitarra o el cuerpo de un bajo.

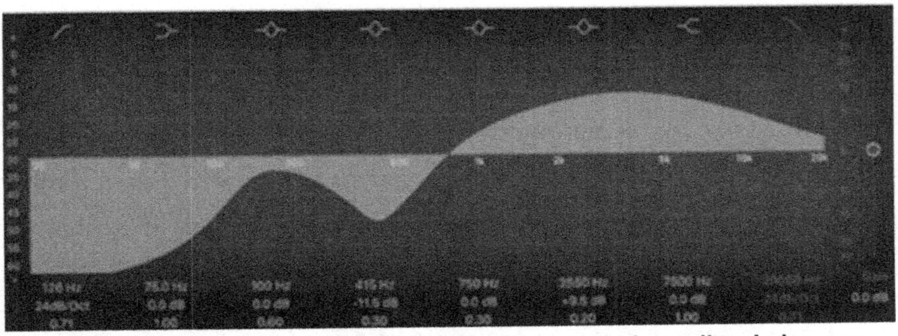

Este ecualizador tiene un filtro de paso alto, un corte de medios- bajos y un aumento de medios altos.

Ahora que ya sabes cómo funciona un plug-in de ecualización, déjame darte grandes pautas que funcionan en casi todas las mezclas.

• FILTRADO USANDO FILTROS DE PASO ALTO Y PASO BAJO

El filtrado es la parte más básica, y hasta cierto punto la más destructiva de la ecualización. El filtrado consiste básicamente en eliminar todas las frecuencias por encima o por debajo de una determinada frecuencia de corte. Es como limpiar el desorden antes de poner en orden la sala. Todos los instrumentos tienen rangos de frecuencia que se interponen en el camino de otros instrumentos en una mezcla. Sin embargo, no hay que temer al filtro. Es la mejor manera de eliminar la acumulación de graves y el desorden de los instrumentos que no lo necesitan.

No hay que temer al filtro. Es la mejor manera de eliminar la acumulación de graves y el desorden de los instrumentos que no lo necesitan.

Por ejemplo, si aplicas un filtro de paso alto hasta 100Hz a una voz, estás dejando que los “agudos pasen” sin ser afectados por encima de 100 Hz. A la inversa, si utilizas un filtro de paso bajo en un bombo hasta 10 kHz, estás dejando que todas las frecuencias inferiores a 10 kHz "pasen" sin ser afectadas. Es un poco al revés, pero recuerda qué rango de frecuencias estás dejando "pasar" y deberías entenderlo.

Verás que puedes seleccionar diferentes pendientes en ciertos filtros de ecualización. A veces utilizo diferentes pendientes y eso se debe, en parte, a que se supone que las pendientes más suaves (más graduales) son más musicales y tienen un sonido más natural, por lo que las utilizo en instrumentos con los que soy un poco más cuidadoso (o filtro más).

Quiero que tengas una hoja de consejos de fácil referencia (como la de los recursos del paso a paso de la mezcla en www.StepByStepMixing.com/Resources) cada vez que necesites algunos consejos útiles sobre ecualización, así que dividiré la sección de ecualización en consejos de filtrado, refuerzo y corte para que puedas encontrar fácilmente los consejos que buscas cada vez.

Los siguientes consejos son buenos puntos de partida y tips que he utilizado para construir mis mezclas. Como siempre, experimenta con lo que mejor suena para tus pistas. Y recuerda que conseguir una buena grabación al principio con tus micrófonos y preamplificadores te ayudará mucho a conseguir una mezcla que suene bien una vez que empieces a utilizar estas técnicas.

1. BATERÍA

- Los bombos son instrumentos de frecuencias bajas, por lo que rara vez se filtran por encima de 32 Hz.
- Puedes reducir la intervención del resto de la batería usando un filtro paso bajo en el bombo hasta los medios altos, entre 5 y 10 kHz, dependiendo de lo que suene bien.
- Puedes quitarle algo de fuerza al redoblante (especialmente si el bombo se está colando en el micrófono de la caja) filtrando todo por debajo de 100 Hz.

- Dependiendo del estilo que quieras conseguir, puedes filtrar bastante los graves de los micrófonos overhead. Si quieres un sonido overhead natural, o si los overheads constituyen la mayor parte del sonido de la batería, entonces filtra lo menos posible. Si las pistas del bombo y caja proporcionan la mayor parte del sonido y sólo quieres acentuar los platillos y añadir algo de ambiente alrededor del bombo y la caja con micrófonos cercanos, entonces puedes filtra hasta 500 Hz.
- Si trabajas con baterías virtuales, se aplican las mismas reglas. Sin embargo, si utilizas loops de batería que incluyen un bombo sampleado, es posible que quieras ir con cuidado con el filtrado para no perder el "peso" de los graves.

2. BAJOS

- Rara vez filtro los graves por encima de unos 40 Hz. Normalmente es sólo para eliminar el estruendo que el bajo pueda tener.
- Si buscas un bajo más redondo que funcione más como una almohadilla que como un instrumento de cuerda, puedes filtrar todos los agudos para acentuar sólo los graves y los medios bajos. Sólo tienes que mover el filtro hacia los medios hasta que suene bien.
- A veces no pasa nada por encima de una determinada frecuencia. Si tu ecualizador tiene un analizador de frecuencias, podrás ver la representación de las frecuencias, así que a menudo podrás calibrar cuánto puedes filtrar mirando el analizador. Es un buen apoyo, pero no confíes en tus ojos para mezclar.

3. GUITARRA

- Un buen punto de partida es filtrar las guitarras hasta 100 Hz.

- Puedes filtrar tus guitarras incluso más alto, dependiendo del arreglo y de lo cargada que esté la mezcla. Si tus guitarras chocan con otros instrumentos en los medios-bajos, lo más probable es que puedas encajarlas con la frecuencia de filtro adecuada (o con un refuerzo paramétrico)
- Si te preocupa filtrar demasiado, simplemente escucha guitarra por guitarra y barre el filtro hacia arriba en el espectro de frecuencias hasta que la guitarra (o cualquier otro instrumento) empiece a sonar demasiado fina, y luego retrocede justo antes de eso.
- Puede que suene muy bien en solitario, pero puede que quieras que la guitarra suene un poco más fina para que encaje en la mezcla, así que asegúrate de hacer un A/B (prueba comparativa) de la guitarra filtrada en contexto con el resto de la mezcla.
- Uno de mis consejos favoritos sobre filtros para guitarras eléctricas distorsionadas es utilizar un filtro de paso bajo que combine un realce en la frecuencia de corte. La mayoría de los filtros te permitirán añadir un refuerzo resonante en la frecuencia de corte si aumentas el Q.

4. TECLADOS Y PIANOS

- Dependiendo de la interpretación y del registro que toquen en el teclado, yo aconsejaría no filtrar demasiado.
- Una buena apuesta para la mayoría de los instrumentos que no son "graves" es filtrar hasta 100 Hz, pero si sientes que hay algo que falta en el instrumento en ese punto, puedes mover tu frecuencia de corte más abajo.
- Prueba mi consejo de "filtro resonante + refuerzo" de la sección de guitarra en órganos de rock o teclados de gran impacto que no necesitan (o tienen) mucha energía en altas frecuencias.

5.VOCES

- Dependiendo del género del cantante, a menudo se puede filtrar bastante la energía de los bajos. Empieza con 100 Hz y ve subiendo hasta que sientas que la voz se diluye o se escucha más fina.
- Si quieres mezclar los coros y mantenerlos bastante oscuros en la mezcla, un filtro de paso bajo puede ayudarte.
- Por otro lado, si filtras los coros con un filtro de paso alto y aumentas el volumen, conseguirás que destaquen un poco más, dándoles una calidad más "aireada" que atraviesa la mezcla.

6. OTROS INSTRUMENTOS

- Independientemente del género en el que trabajes, es muy probable que tus pistas puedan beneficiarse del filtrado de los agudos o los graves.
- Si tu instrumento suena demasiado grave o grueso, añade un filtro para limpiar los graves.
- Si tu instrumento tiene mucha energía en los agudos y suenan estridentes, sibilantes o fatigados, añade un filtro de paso bajo esto limpiará el aire innecesario.

Los filtros son un asunto bastante sencillo, pero te sorprenderá lo mucho más limpias que suenan tus mezclas una vez que hayas añadido unos cuantos filtros estratégicos de paso alto para eliminar el estruendo de los bajos y el barro de los medios. Si añades unos cuantos filtros de paso bajo, también limpiarás el siseo de las guitarras de rock pesado, eliminarás los sonidos innecesarios de la batería (cuando se cuela la batería en otros micrófonos) y mezclarás los coros. Deberían ser tu primera herramienta para conseguir que tus instrumentos encajen mejor.

Sin embargo, no pienses en los filtros como algo independiente. Suelen ir de la mano con cualquier otra ecualización que estés haciendo, así que vamos a hablar de cómo puedes atacar las frecuencias problemáticas y acentuar las frecuencias que hacen que tus instrumentos destaquen en la mezcla.

Los filtros son un asunto bastante sencillo, pero te sorprenderá lo mucho más limpias que suenan tus mezclas una vez que hayas añadido unos cuantos filtros estratégicos de paso alto para eliminar el estruendo de los bajos y el barro de los medios.

ECUALIZACIÓN SUSTRACTIVA

Cuando se trata de grabaciones caseras, lo más probable es que haya resonancias extrañas de la habitación en las pistas. Habrá una o dos frecuencias que, de alguna manera, se magnifican demasiado y harán que tus pistas suenen de forma extraña. Esto puede traducirse en un bajo retumbante, guitarras ásperas o un molesto timbre en el sonido de la caja. Es entonces cuando entra en juego la ecualización sustractiva.

Cuando cortas en lugar de aumentar, estás quitando frecuencias de tus pistas. Te ayuda a reparar las grabaciones que no son ideales. Te permite eliminar quirúrgicamente las frecuencias problemáticas para que las pistas encajen mejor en la mezcla.

Mi método rápido y ruidoso para la ecualización sustractiva es muy sencillo. Hago un barrido por el espectro con grandes aumentos hasta que sale algo feo, entonces lo corto hasta que suena más suave.

ECUALIZACIÓN ADITIVA

Los aumentos en la ecualización son, con mucho, más divertidos de hacer. La ecualización sustractiva es increíblemente importante, pero no siempre es tan divertida porque no se consigue tanto al cortar frecuencias como con el realce. Tal vez sea sólo la forma en que funcionan nuestros oídos, pero simplemente es más gratificante añadir más frecuencias (como con los medios altos) para hacer que los instrumentos se corten en la mezcla.

Desgraciadamente, ahí también está el peligro. Añadir demasiados realces puede provocar problemas de fase, aunque eso no debería desanimarte cuando sea absolutamente necesario utilizar realces de ecualización. El principal peligro es que una vez que empieces a añadir medios altos a una pista, por ejemplo, te verás recompensado por lo bien que suena esa pista en la mezcla. Eso puede llevar a una pendiente resbaladiza de añadir medios altos a todo hasta que termines con una mezcla realmente escandalosa y punzante en lugar de una equilibrada en el espectro de frecuencias.

Asegúrate de que tu objetivo es conseguir un equilibrio en la mezcla, donde todos los instrumentos se escuchen bien en los rangos de frecuencia en los que suenan mejor.

Para ayudarte a conseguirlo, aquí tienes algunos consejos que debes tener en cuenta a la hora de ecualizar tus mezclas.

Nota: Cada instrumento y pista es diferente. Como tal, la frecuencia exacta donde se corta o aumenta puede variar. Las tablas de frecuencias pueden ser útiles, pero si te basas sólo en los números en los números sin escuchar la música, esto no te llevará a hacer mejores mezclas.

Los siguientes consejos son pautas para empezar, pero asegúrate de dedicar tiempo a encontrar las frecuencias exactas que hacen que tus mezclas suenen mejor. Me estoy centrando en las "grandes victorias" que te ayudarán a mejorar tu mezcla lo más rápido posible, dándote soluciones a los problemas más comunes que he encontrado a lo largo de mis años mezclando.

BATERÍA

- Corta el bombo en la región de 300 a 600 Hz para eliminar la rigidez, el encajonamiento. Haz un barrido con un Q estrecho y eleva la ganancia para encontrar la frecuencia que molesta y luego deshazte de ella.

- Lo mismo funciona en un grupo de timbales que necesite ser suavizado. Empieza con un corte en torno a los 400 Hz y comprueba si tu batería se ajusta un poco.

- Si tienes varios micrófonos en la batería, como un micro de caja arriba y abajo, asegúrate de comprobar la relación de fase y polaridad entre todos los micrófonos. Te sorprenderá la cantidad de punch que puedes añadir a un sonido de batería si te aseguras de que todo tiene la misma polaridad. Este consejo también se aplica a cualquier instrumento con varios micrófonos. Cambia la polaridad de una de las pistas y comprueba si no añade algo de peso y potencia extra al sonido general del instrumento.

- La filosofía típica para los bombos es cortar los medios y potenciar los bajos para el bajo y los medios altos para el bombo. Aunque he comprobado que esto es cierto la mayoría de las veces, algunos géneros necesitan una mano más pesada para dominar los bajos. Los bombos de metal pueden enturbiarse muy rápido si hay demasiados graves. Es posible que quizás quieras añadir un filtro de corte shelving para dominar los bajos mientras añades un gran impulso a la zona del golpe alrededor de los 4 kHz. Deja que el bajo se encargue de la presencia de los graves y haz que el kick se corte en los medios.

- Una regla general que sigo es: Cuanto más duro es el género, más realzo los medios altos. Los bombos en el metal cobran vida con un gran refuerzo en la zona de 4 kHz, pero para géneros más suaves como el pop, el folk y el rock puedes obtener los resultados que deseas centrándote más en la zona de 1,2 kHz a 3 kHz.

- Los ruidos fuertes de los platillos se pueden controlar con un corte en la zona de 2,5 kHz. Cuando oigas que los platillos atraviesan la mezcla no asumas que necesitas cortar los agudos porque no es esa la parte de los platillos que está siendo molesta. Normalmente los medios altos son los que causan más problemas, así que puedes conseguir un sonido limpio y aireado de los platillos sin las molestas asperezas.

- Las baterías grabadas en casa suelen tener una molesta acumulación de medios-bajos, lo que hace que el bombo tenga demasiada energía en la zona de 100 a 250 Hz. No tengas miedo de cortar los bajos y los medios bajos para limpiar el sonido de tu batería. No siempre es necesario aumentar las frecuencias bajas para crear un bajo potente. A veces se trata de limpiar la zona, para escuchar los graves que ya están ahí.

- Sin embargo, si necesitas más fuerza en los bajos de tu bombo, encuentra la frecuencia que te suene bien potenciando alrededor de 60 - 100 Hz.

- Si quieres añadir cuerpo al sonido, intenta buscarlo en torno a los 150 - 250 Hz. Si te gusta el sonido carnoso de la caja, aumenta los medios-bajos para que el cuerpo sea más grueso.

- Por otro lado, si buscas más chispa o ataque, resaltar la zona de 2,5 - 3 kHz puede ayudar a resaltarla en la mezcla.
- Si eso resalta demasiado el traqueteo de las cajas, un refuerzo de agudos en torno a los 10 kHz aumentará el brillo de la caja sin añadir dureza a las propias cajas.
- El área alrededor de 2,5 kHz es un buen punto de partida para resaltar el ataque de cualquier tambor, ya sea la caja, los toms o del bombo. Pero, como he dicho antes, también provoca dureza si se potencia demasiado.

ECUALIZACIÓN DE SAMPLES Y LOOPS DE BATERÍA

Dado que los loops de batería y los samples no son más que baterías pregrabadas, puedes utilizar las mismas pautas de ecualización para esculpir los loops como quieras. Los mismos principios se aplican tanto si trabajas con un kit de rock como con un loop electrónico.

Lo único que es diferente es cómo quieres que suenen los loops en el género que estás produciendo. Los bajos siguen siendo los bajos, la caja sigue estando presente en el mismo lugar, y los medios altos seguirán manteniendo todo el ataque, el tono y la dureza como antes.

Yo sugeriría que es más fácil ecualizar los loops y las muestras porque ya han sido pre-producidos y mezclados, así que todo lo que tienes que hacer es ecualizarlos para que encajen con el resto del arreglo, en lugar de intentar resolver cualquier problema de frecuencia particular, resonancias grabadas en casa o frecuencias problemáticas molestas.

Dado que los loops de batería y los samples no son más que baterías pregrabadas, puedes utilizar las mismas pautas de ecualización para esculpir los loops como quieras.

1. BAJO

- Se aplican muchas de las mismas reglas en las frecuencias bajas para el bajo y el bombo. Les gusta chocar y pelearse en las bajas frecuencias, así que asegúrate de darle al bombo su espacio en una frecuencia específica mientras le das al bajo algo de espacio para respirar en otra.
- Puede ser útil hacer un solo con el bombo y el bajo, asignando las frecuencias adecuadas a cada uno de ellos. A veces, el bombo puede sonar un poco flaco, pero una vez que se añade el bajo a la mezcla, ayuda a rellenar los huecos del sonido del bombo.
- Si los bajos suenan demasiado finos, añadir unos 200-250 Hz puede reforzarlos.
- Otra buena forma de dar cuerpo a los bajos es añadir pequeños aumentos de frecuencia en varias áreas de frecuencia en lugar de un gran aumento en los bajos. Si la frecuencia fundamental del bajo (o la tonalidad de la canción) es de 100 Hz, añadir un refuerzo a 200 Hz, 400 Hz y 600 Hz (varios múltiplos de la frecuencia original) dará más cuerpo al sonido del bajo que un solo refuerzo grande a 100 Hz. Los armónicos pueden ser tus amigos y pueden añadir profundidad extra a tu ecualización.
- Del mismo modo, conseguir que los graves se abran paso no sólo se consigue potenciando el grosor de los medios-bajos.

Añadir 600 - 800 Hz puede resaltar el rango superior de los graves, dándole más presencia en la mezcla.

- Los graves también pueden estorbar cuando menos te lo esperas. A veces, una voz turbia es sólo el bajo que enmascara la pista de voz, así que asegúrate de que tu bajo no está entorpeciendo alguna parte de la mezcla en la que no estás pensando. Una buena forma de comprobarlo es potenciar los bajos en los medios y los medios altos y escuchar las "otras" pistas, la vocal, por ejemplo, para ver en qué punto los bajos empiezan a enmascarar esos instrumentos.

2. GUITARRA

- No des por sentado que el tono de guitarra que obtuviste durante la grabación encajará con el resto del arreglo. A veces es necesario esculpir y cortar frecuencias que no esperas para que la guitarra encaje tanto con los demás instrumentos como con el género (más información sobre esto más adelante).
- Asegúrate de que tu guitarra no choque con el bajo en los medios bajos. Recorta un poco en la región de 150 - 250 Hz si alguno de los instrumentos carece de definición ahí abajo.
- Si tu guitarra suena poco y no se interpone con el bajo, un aumento de los medios bajos en torno a los 200 - 250 Hz puede ayudar a darle algo de grosor.
- Si las guitarras carecen de cuerpo y potencia, aumentar la zona en torno a los 500 Hz puede hacerlas más grandes sin que suenen turbias o sibilantes.
- Si tus guitarras están demasiado distorsionadas y sibilantes, reducir los medios altos alrededor de 4 kHz puede limpiar eso.

- Los medios altos de 1KHz a 4 kHz son un área muy interesante para experimentar, especialmente cuando se trata de guitarras de rock. Puedes dar forma al tono de la guitarra para que se adapte al estilo de toque y al género de la canción simplemente eligiendo los medios altos adecuados para realzar y cortar. Dedica algún tiempo a familiarizarte con esta área y serás un virtuoso en la ecualización de la guitarra en poco tiempo.

- Si quieres separar dos guitarras rítmicas que están haciendo el mismo riff, prueba a potenciar una frecuencia media-alta favorable en una pista de guitarra y cortarla en la otra. A continuación, encuentra una frecuencia media-alta favorable en la pista que acabas de cortar y repite el proceso, alternando entre las dos pistas.

- Si estás ecualizando una guitarra acústica y suena demasiado fuerte y "barata", busca y corta en la región de los 800 Hz para darle a la guitarra un sonido más suave.

- Puedes sacar algo de brillo a una guitarra acústica potenciando alrededor de los 8 kHz.

- Sin embargo, si tu guitarra acústica es sólo una pequeña parte del arreglo y sólo necesita un poco de "presencia ocasional" en el fondo, entonces añadir algo de aire por encima de 10 kHz con una pista fuertemente filtrada por paso alto puede ayudar a que la guitarra acústica se sienta presente en la mezcla, sin desordenar el resto del arreglo en el espectro de frecuencias más bajas.

- Si tus guitarras suenan como si estuvieran enmascarando las voces, un corte amplio alrededor de 1 - 5 kHz puede ayudar a asentar la guitarra alrededor del sonido vocal, dejando que ambas pistas encajen en la mezcla.

- Incluso si tienes cortes amplios, como en el consejo anterior, es posible que quieras acentuar una frecuencia específica dentro de ese corte para resaltar la guitarra (o cualquier otro instrumento) en la mezcla. Acabarás con algo que parece un corte ancho (un valle, por así decirlo), pero luego tienes un realce dentro de él donde acentúas esa frecuencia en particular. Así, tu curva de ecualización se parecerá a un amplio valle con una pequeña montaña en su interior.

3. TECLADOS, PIANOS Y SINTETIZADORES

- Muchos de los tips de los que he hablado anteriormente se pueden utilizar en teclados y pianos. Amplitud alrededor de 200 Hz, presencia en 3 - 5 kHz, y aire a partir de 10 kHz.

- Los teclados pueden saturar rápidamente la mezcla, así que ten en cuenta las frecuencias medias-bajas. Añade un corte shelving para controlar los bajos si se interponen en el camino del bombo, el bajo o las guitarras.

- El consejo principal cuando se trata de teclados es escuchar en las frecuencias que no estás apuntando con los otros instrumentos. He comprobado que los medios de 600 Hz a 1 kHz suelen estar poco representados en el resto del arreglo, así que tiendo a centrarme en esa zona para resaltar los teclados y los pianos en mis mezclas.

- Otros rangos de frecuencias, como los 300 Hz, a menudo pueden ser útiles, incluso si se asocian principalmente con la "rigidez". No te obsesiones con lo que "se supone" que debe sonar cada rango de frecuencias, porque lo único que importa es si tus ajustes de ecualización hacen que tus instrumentos encajen y se corten en la mezcla.

- Si tu piano se interpone en el camino de la voz, haz el mismo truco de corte de la EQ en los medios altos que harías con la guitarra.
- Si quieres que el piano suene exuberante y grande cuando está tocando solo, asegúrate de ecualizarlo en el contexto de la mezcla si hay un gran arreglo. Puede que no suene bien en solitario, pero lo único que importa es cómo suena en la mezcla general.
- Debido al potencial sonoro casi ilimitado de los teclados, es difícil dar pautas concretas. Encontrarás turbiedad o boom en los graves de 100 - 200 Hz, puedes añadir grosor en los medios-bajos a las frecuencias medias de 300 - 600 Hz, y puedes ajustar el ataque y la presencia alrededor de las zonas de 1,5 y 3 kHz respectivamente.

4. VOCES

- Si la voz carece de claridad, pero sigue teniendo mucha energía en frecuencias altas, reduce la zona de 200 Hz para limpiarla.
- Si la voz suena demasiado nasal, mira la zona de 900 Hz a 1 kHz para recortarla.
- La zona por encima de 1 kHz, alrededor de 1,2 - 1,5 kHz, puede ayudar a la voz a atravesar la mezcla. Sólo tienes que asegurarte de no hacer que el cantante suene nasal por accidente.
- A menudo me he dado cuenta de que cuando intento reducir el sonido en la zona de 1,2 kHz, a veces no lo consigo, porque a menudo es mejor reducir la zona de 300 Hz del “encajonado”, esto puede arreglar todo el sonido vocal.
- Resaltar la claridad e inteligibilidad de la voz en el rango de 3 kHz.
- Un aumento de 5 kHz tiende a añadir una buena presencia a la

voz, pero, un aumento excesivo de las frecuencias medias-altas puede provocar rápidamente un sonido áspero.

- La sibilancia (los sonidos ásperos de la "s") suele centrarse en los 7 kHz. Sin embargo, algunos sonidos "s" pueden ser sibilantes a frecuencias más bajas, y si tienes una sibilancia especialmente problemática, puede que tengas que buscar también sus armónicos, a veces hasta los 14 kHz.

La ecualización es una parte importante de las mezclas y es un tema demasiado amplio para condensarlo en un capítulo de un libro. La ecualización está sujeta a tu gusto, a la experimentación y al estilo que cambia con cada mezcla que haces. Cada vez que abro una nueva mezcla pienso instintivamente en estas directrices cuando escucho lo que quiero añadir o quitar.

Sin embargo, eso no significa que sigas ciegamente estas sugerencias si esas decisiones no hacen una buena mezcla. A menudo he tenido que hacer caso omiso de la sabiduría común para que las cosas encajen y eso es siempre lo más importante cuando se trata de mezclar. A nadie le importa que sepas precisar las frecuencias como un mago. A la gente le importa que la mezcla suene bien, nada más.

NOTA SOBRE EL REBALANCEO

A medida que avanzas en el proceso de mezcla y vas añadiendo procesadores como la ecualización y la compresión, inevitablemente cambiarás el balanceo inicial que hiciste sólo con el volumen y el paneo. Por eso siempre es una buena idea seguir reequilibrando los faders a medida que avanzas en la mezcla. Incluso si mantienes la estructura de ganancia de los plug-ins relativamente perfecta (cantidades iguales en entrada y salida del plug-in), tendrás que seguir ajustando el volumen. La mezcla no es un proceso completo paso a paso. Es más bien un conjunto de pasos y directrices que sigues mientras ajustas y modificas constantemente a tus decisiones en la mezcla.

Antes de terminar el capítulo, quiero recapitular lo que hemos aprendido sobre la EQ:

1. La ecualización es tu mejor amiga cuando intentas separar tus instrumentos en el espectro de frecuencias.

2. Sin embargo, algunos temas no pueden arreglarse con EQ debido a su naturaleza dinámica. Una pista que pasa constantemente de tranquila a fuerte no puede ser controlada con EQ. Ahí es donde entra la compresión.

3. No siempre hay que utilizar la ecualización en todas las pistas. Algunas pistas pueden sonar muy bien tal como están y sólo necesitan algo de compresión y efectos para encajar con el resto de la mezcla. Quizá sólo necesiten un poco de filtro para controlar los graves. Así que recuerda que puede haber pistas en tus mezclas que no tengas la necesidad de ecualizar. No pasa nada.

4. El proceso de mezcla es mucho más rápido si adoptas el procesamiento del bus en los grupos. Puede que no te sientas cómodo con el método descendente o el método de mezcla en el medio de inmediato, pero merece la pena si quieres ahorrar tiempo y hacer más mezclas.

5. Después de los ajustes de ecualización (y otras técnicas de mezcla), a menudo tendrás que rebalancear los faders para que todos los instrumentos acaben donde quieres que esté el balance.

Espero que los consejos anteriores te hayan dado algunas buenas ideas sobre qué probar para separar tus instrumentos y definir tus mezclas.

Para ser justos, el arte de la ecualización es un tema importante, y es algo con lo que deberías familiarizarte íntimamente. Un breve capítulo de este libro probablemente no te convertirá en un profesional de la ecualización. De hecho, he escrito una guía completa con consejos y estrategias de EQ. Puedes encontrar en este enlace más recursos de EQ en la página www.StepByStepMixing.com/Resources o ir a www.EQStrategies.net para ver EQ Strategies – Your Ultimate Guide to EQ.

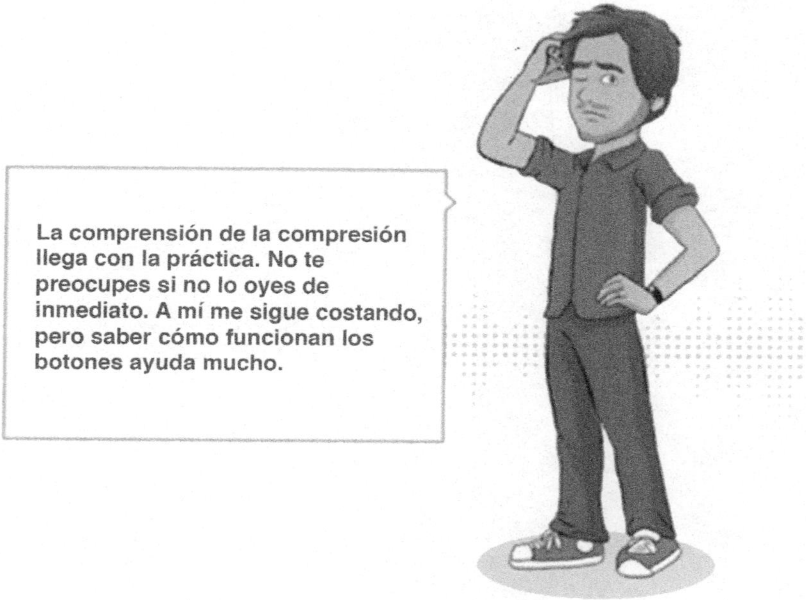

Capítulo 4
Uso de la Compresión

Muy bien, ahora vamos a empezar con la compresión.

La compresión es la segunda forma más importante de procesar el audio después de la ecualización.

Sin embargo, la compresión es un poco más complicada que la ecualización, y también es más subjetiva para la persona que la utiliza.

Si tu mezcla es turbia, la mayoría de las veces es turbia para todo el mundo. Hay algunas formas de solucionarlo, pero todo gira en torno a la limpieza de la zona de bajos y medios. Es un trabajo bastante sencillo para tu ecualizador.

Pero la compresión es diferente.

La compresión es muy subjetiva y se puede utilizar de muchas maneras diferentes. Puedes utilizar la compresión de cinco maneras diferentes que suenan bien. Sólo depende del estilo que quieras y del sonido que busques en tu mezcla.

¿QUÉ HACE UN COMPRESOR?

Seguramente habrás oído que los ingenieros de mezcla profesionales utilizan la compresión cuando mezclan. Entender lo que hace un compresor y cuándo debes utilizarlo puede darte una idea más clara de por qué debes comprimir tus pistas y cómo hacerlo.

En términos sencillos, un compresor es un controlador automático de nivel. Hace que las señales más suaves sean más fuertes y las más fuertes más suaves. Como tal, gestiona el nivel de la señal por ti, subiéndola o bajándola en función de su volumen. Pero usar la compresión y saber cómo comprimir son dos cosas diferentes.

Usar la compresión y saber cómo comprimir son dos cosas diferentes.

• ¿POR QUÉ COMPRIMIR?

En lugar de poner un plug-in de compresor en cada pista porque así crees que se hace, pregúntate cuál es el objetivo final de usar el compresor.

- ¿Necesitas reforzar la batería?
- ¿Necesitas nivelar las voces?
- ¿Necesitas dominar el ataque de las transientes?

Todas estas preguntas tienen diferentes respuestas de compresión dependiendo de lo que estés tratando de lograr. Todo se reduce a la mentalidad de utilizar la compresión como una herramienta, no como una muleta.

Una buena regla general al utilizar la compresión es preguntarse:

"¿Por qué estoy comprimiendo esta pista?"

Ten siempre una razón para comprimir algo. Si tienes un problema con los picos, conoce el objetivo al añadir un compresor a la pista, como en el caso del consejo sobre las voces. Si necesitas añadir peso a tu batería, conoce cómo puedes hacerlo con ratios altos. Si pones compresión en una pista y no suena mejor hagas lo que hagas, tal vez debas dejarla de lado.

¿CÓMO ABORDAR LA COMPRESIÓN?

Permítanme explicarles cómo abordar la compresión contándoles una pequeña historia sobre un juego en una mesa de Blackjack de Las Vegas.

No soy un gran jugador, pero me gustan las apuestas, especialmente en juegos como el Blackjack, donde tienes un sistema y no confías sólo en la suerte. El Blackjack es un juego estupendo si se sabe jugar según las reglas. Puedes jugar durante horas si sigues los sistemas más sencillos.

Por ejemplo, si el crupier tiene un 5 y yo un 12, me quedo y no pido otra carta. Hay una mayor probabilidad de que se pase, así que me quedo y espero que la probabilidad se cumpla. Siempre esperas que el crupier pase, y cuando tiene una carta baja, hay una mayor probabilidad de que pierda.

Además, siempre que la banca tiene un 7 o más, le voy al 16. Siempre asumes que la otra carta de la banca es un 10, así que por defecto has perdido. Pero si pides y obtienes entre un As y un 5, estás en lo correcto. De todos modos, prefiero pedir y perder que esperar y perder. Y, por último, divide siempre en Ases y Ochos y dobla en 10 y 11 si tienes cartas más altas que el crupier.

¿Por qué te he dicho todo esto?

Es un sistema. Un sistema es un conjunto de pautas y reglas que he memorizado. En realidad, es un sistema bastante bueno que funciona la mayor parte del tiempo. No siempre se gana, pero se puede acabar jugando durante mucho tiempo sin perder dinero.

UTILIZAR UN SISTEMA DE COMPRESIÓN

El uso de la compresión funciona de la misma manera. Al igual que en el Blackjack, el sistema que utilizo con la compresión tiene más probabilidades de funcionar, así que me comprometo con él y lo modifico según sea necesario.

Sigo los pre-ajustes que tengo en la cabeza cuando estoy mezclando. Un bombo comienza con una relación de 4:1, una reducción de ganancia de 3-6 dB y un ataque y liberación medios. Con unos pocos ajustes a partir de ahí, puedo conseguir el sonido que quiero.

Los bajos empiezan con una relación relativamente alta, un ataque bastante rápido y una reducción de ganancia mayor que la de otros instrumentos, para conseguir un sonido más grueso y estable. A veces eso funciona bien, pero otras veces tengo que mover parámetros para que el bajo suene bien.

Y, por último, siempre comprimo en paralelo la batería y doy forma al compresor de la caja al ritmo de la pista. Al igual que doblar en 11 es el movimiento más inteligente cuando te encuentras jugando al Blackjack, también lo es comprimir en bus la batería.

Simplemente funciona el 90% de las veces (en realidad no funciona el 90% de las veces doblar en 11, pero tú me entiendes). Sin embargo, para la batería, si quieres ese sonido potente sin sobrecargar el resto de la mezcla, ese es el camino a seguir. Hay un sistema para todo, incluida la compresión. Mi sistema me ayuda a trabajar más rápido, ya que sé por experiencia lo que suele funcionar.

Está perfectamente bien (y es divertido) experimentar con diferentes ajustes de compresión cuando estás aprendiendo a usarlos, especialmente cuando estás averiguando qué estilo de compresión funciona mejor en qué pistas. Pero al final, tener un plan y un objetivo cada vez que añades compresión a una pista es más eficiente y eficaz cuando trabajas para clientes y no sólo por diversión.

Así que cuando tus pistas estén bien balanceadas y ecualizadas, lo siguiente que tienes que hacer es usar el compresor. Sólo que esta vez debes preguntarte por qué lo estás haciendo y luego tratar de lograr esos objetivos específicos.

Una vez que sepas eso, puedes empezar a jugar con tus juguetes porque ahora tienes un objetivo en mente.

Está perfectamente bien (y es divertido) experimentar con diferentes ajustes de compresión cuando estás aprendiendo a usarlos, especialmente cuando estás averiguando qué estilo de compresión funciona mejor en qué pistas.

PARÁMETROS DEL COMPRESOR

En primer lugar, hablemos de los parámetros más comunes que encontrarás en tu compresor.

La mayoría de los compresores tendrán una variación de los siguientes parámetros. Sin embargo, algunos serán increíblemente simples, como cualquier compresor que emule al LA2A con su sistema de compresión de dos perillas. Si trabajas con compresores simples como ese, realmente sólo tengo una regla que debes seguir:

> ***"¡Ajustar hasta que suene bien!"***

Es realmente tan simple como eso, pero si estás trabajando con algo un poco más complicado, esto es lo que necesitas saber:

1. Threshold

El Threshold o umbral básicamente establece el nivel en el que el compresor debe empezar a "escuchar" la señal de audio. Si el audio tiene un nivel muy bajo y el umbral es demasiado alto, no "escuchará" la señal, por lo que será efectivamente inútil. Cualquier otro parámetro no importa porque el compresor no empieza a funcionar hasta que el audio alcanza el umbral. Asegúrate de que la señal de audio alcanza realmente el umbral para que empiece a comprimir.

2. Ratio

Es la "cantidad de compresión" que tiene lugar una vez que la señal de audio cruza el umbral. Así, si el nivel de entrada supera el umbral y la relación es de 2:1, dividirá el nivel por encima del umbral por la mitad y lo comprimirá por dos. Cuanto mayor sea la relación, más extrema será la compresión. A partir de 10:1 se suele denominar limitación, porque cualquier señal que supere el umbral se comprime tanto que es empujada hacia abajo, hasta donde se encuentra el umbral, en lugar de dejar pasar parte de ella.

Estos dos parámetros trabajan en conjunto. Muchos compresores sólo tienen estos parámetros y nada más. Quieres saber cómo funciona todo, así que vamos a ver el siguiente conjunto de perillas aquí, el ataque (attack) y la liberación (release).

3. Attack o Ataque

Esto es básicamente la cantidad de tiempo que le das al compresor antes de que reaccione a la señal entrante. Si el ataque es rápido, comprimirá inmediatamente después de que la entrada cruce el umbral. Si el ataque es más lento, tardará un poco en reaccionar. Elegir el tiempo de ataque correcto es crucial para dar forma a los sonidos porque puede cambiar la forma en que los transientes de la señal de audio se ven afectados.

4. Release o Liberación

El tiempo de liberación determina cuándo el compresor deja de comprimir. Un tiempo de liberación más rápido significa un tiempo de recuperación más rápido para el compresor. Un tiempo de liberación más largo significa que mantiene la señal comprimida durante más tiempo, lo que puede dar lugar a un empuje con señales muy rítmicas porque nunca se permite que el audio vuelva a su estado sin comprimir.

Estos cuatro parámetros son los más importantes a tener en cuenta en cualquier compresor.

Otros parámetros de compresión son:

5. Knee

La selección de un knee suave o fuerte cambiará la forma en que se aplica la compresión, ya sea gradualmente a medida que la señal se acerca al umbral, o linealmente tan pronto como el audio alcanza el umbral.

TIPOS DE COMPRESIÓN

Hay muchos estilos de compresión diferentes, todos los cuales funcionan para diferentes instrumentos o para características de compresión específicas.

Vamos a hablar de algunos de los tipos más comunes:

- *FET*
- *Opto*
- *VCA*

Si su compresor tiene un modo o tipo FET (Transistor de Efecto de Campo), básicamente está emulando un compresor 1176. El 1176 es quizás el compresor FET más famoso. A la gente le gusta utilizarlo para conseguir una batería contundente.

Un tipo "opto" emula el compresor óptico LA-2A. No reacciona tan rápidamente al audio. Funciona bien para la compresión en paralelo si no quieres un ataque/liberación agresiva, de él hablaremos en profundidad más adelante en este capítulo.

El tipo VCA es rápido y transparente. No colorea el sonido tanto como los otros, por lo que son ideales cuando quieres que tu compresión pase desapercibida. Uno de los compresores VCA más populares de todos los tiempos es el DBX 160.

Los compresores suelen basarse en estos modelos. Hay otras emulaciones, pero éstas son las más comunes y populares que existen. Tienen un sonido o característica específica que es diferente de los modelos genéricos de stock (propios del DAW).

No es de extrañar que un LA-2A suene diferente a un 1176 en tu mezcla. La "circuitería" es completamente diferente. Por eso muchos compresores "todo en uno" tienen un botón de "tipo" que permite cambiar el carácter (tipo) del compresor.

Una vez que hayas decidido qué objetivo quieres conseguir con tu compresión, la siguiente pregunta debería ser qué tipo de compresión quiero utilizar. Dependiendo del estilo de música y del instrumento que pases por el compresor, estos tipos cambiarán la forma en que el compresor funciona en tu audio, así que vale la pena experimentar un poco hasta que encuentres el tipo de compresor que más te guste.

1. Entrada/Salida

Esto es importante para los propósitos y, obviamente, cambia de acuerdo con el nivel de la señal con que estás alimentando el compresor. Si tienes una señal muy suave puede que necesites subir un poco la ganancia para que el compresor funcione mejor (o bajarla si no puedes poner el umbral lo suficientemente bajo y siempre está comprimiendo demasiado). Una buena regla general es aumentar la salida según la misma cantidad que estés comprimiendo, pero a mí me gusta dejarlo en automático. Además, siempre que estés comprimiendo asegúrate de no tener diferencias drásticas de nivel cuando pases el compresor, porque te hará pensar que todo suena mejor cuando en realidad sólo está sonando más fuerte. Si puedes ver la entrada y la salida de la señal una al lado de la otra, es una buena idea recortar la salida para que coincida con la entrada. Si recortas la entrada, te equivocarás con el ajuste del umbral porque la señal que entra en el compresor no será tan fuerte. Sinceramente, en caso de duda, la ganancia automática es una función muy útil que te ayuda a ajustarla y olvidarte de ella.

2. Dry

El mando de mezcla "Dry" te permite añadir un poco de la señal sin comprimir, lo que puede ser útil si quieres hacer una compresión directa en paralelo sin utilizar envíos y buses.

3. Ventana de medición

Por lo general, tendrás algún tipo de ventana de medición. Es útil para ver la forma de onda en la pantalla, lo que el compresor está haciendo a la señal y para ver cuánta reducción de ganancia se está produciendo. A menudo puedes cambiar entre la entrada, la salida y la reducción de ganancia para ver cómo el compresor está afectando a la señal.

Parámetros típicos del compresor. Compresor de serie de Logic Pro.

APLICANDO LA COMPRESIÓN

La compresión es un tema interminable para mí. Siempre siento que aprendo nuevas formas de utilizar la compresión con cada mezcla que hago. A veces es tan sencillo como poner un LA2A y dar por terminado el trabajo, pero otras veces me peleo con el ataque y el release durante demasiado tiempo sin conseguir el punch que quiero para el instrumento.

Por lo tanto, los siguientes consejos prácticos son sólo una serie de cosas que me han funcionado, así como algunas cosas que tiendo a evitar.

• MEZCLA PREESTABLECIDA

Una técnica que suele ayudar a acelerar las mezclas es empezar con presets. A menudo elijo un preset que parece ofrecer lo que estoy buscando y luego lo modifico según la canción y la pista. Evidentemente, los diseñadores de los preajustes no han escuchado la canción que estoy mezclando, pero empezar con un preajuste me sitúa en la línea de partida de lo que quiero conseguir. Por lo general, hay que ajustar el umbral al mínimo y luego ajustar los demás parámetros al gusto.

• SUBMEZCLA

Si has seguido mi método de mezcla top-down (descendente) o middle-out (mezcla en los medios) en el capítulo de ecualización, puede que te preguntes dónde poner los compresores. Lo que suelo hacer es poner compresores en cada submezcla y grupo para unir todas las pistas. Luego, si las pistas individuales necesitan un poco más de fuerza, experimento con más compresores allí. El truco para usar muchos compresores a lo largo de la ruta de la señal es no comprimir mucho en cada etapa. Por lo tanto, intenta reducir la ganancia de los grupos en unos pocos dB para reforzarlos, y luego utiliza tu propio criterio en las pistas individuales para saber cuánta más reducción de ganancia necesitas aplicar.

• 1. BATERÍA

Empezando por la batería, me gusta añadir algo de pegada al bombo. Las relaciones más altas, a partir de 4:1, dan más grosor al bombo porque bajan todo el nivel y lo hacen más grueso.

Sin embargo, si el compresor empieza a añadir demasiado grosor en los medios-bajos, puede que tengas que compensar cortando algo de eso con la ecualización.

Cuando comprimas un bombo, presta especial atención a lo que la diferencia de ataque y release hace a la transiente del bombo. Por ejemplo, un tiempo de ataque y liberación medio permite que el golpe inicial del bombo pase sin que el compresor empañe el transiente inicial. Con un tiempo de liberación medio, más o menos al ritmo de la canción, deberías poder oír (y ver en los medidores) que el compresor se resetea entre golpes.

Lo mismo ocurre con la caja. Suelo elegir unos cuantos compresores diferentes, ya sea unos cuantos plug-ins diferentes o sólo algunos de los tipos de emulación dentro del compresor de serie en Logic. Cada uno tiene un sonido diferente y, dependiendo del género, del sonido de la caja y de lo que quiera conseguir, uno de los tipos de compresor suele complementar la caja mejor que otros. Al igual que con el bombo, hay que tener en cuenta el ataque y los tiempos de liberación, ya que, si no se tiene cuidado, se puede opacar el sonido de la caja.

Una de las cosas que tienes que tener en cuenta al comprimir cualquier pista de batería es la filtración de otros "drums" en el micrófono. Por ejemplo, si comprimes mucho la caja, corres el riesgo de aumentar el nivel general de la caja. Esto significa que habrá más sonido de bombo y de hi-hat en el micrófono de la caja, si grabas una batería en directo. En este libro no hablaremos de las compuertas o del expander, pero es una forma estupenda de reducir la intervención de audio entre instrumentos y puede ayudar a eliminar mucho ruido en tus pistas.

En el propio bombo, suelo optar por una sensación suave, haciendo que todo esté un poco más apretado. Tengo cuidado de no hacer que los tiempos de ataque y liberación dependan demasiado de un solo tambor, aunque es obvio que se activa principalmente por el bombo y la caja. Cuidado con hacer que la liberación del compresor sea demasiado lenta porque introducirás un efecto de empuje en la señal que es cuando no llega a resetearse entre golpes.

Últimamente, he encontrado el éxito en los overheads, utilizando un compresor de tipo óptico, como un LA-2A, y simplemente dejando que la reducción de ganancia sea de unos pocos dBs. Parece que engruesa los overheads y normalmente hace que los platillos se corten a través de la mezcla sin ser demasiado abrasivos y directos.

La liberación rápida permite que los platillos tengan su lugar sin empujarlos hacia abajo, lo que no sonaría natural.

Si tienes un micrófono de sala en tu batería, puedes divertirte un poco con él. Utilízalo como micrófono de "aplastamiento", en el que puedes ser bastante exigente con la compresión. Si realmente aplastas este micrófono con una ratio alto, mucha reducción de ganancia, un ataque rápido y una liberación larga, tendrás una pista con un sonido terrible por sí sola, pero puede sonar muy bien mezclada con las otras pistas de batería para dar algo de profundidad adicional a la mezcla de batería.

- ## 2. BAJO

Me gusta mantener los bajos estables con la compresión. Eso significa una relación (ratio) alta y una reducción constante de la ganancia. Por supuesto, esto siempre depende del género, pero si el bajo tiene más un carácter de apoyo que un papel principal, entonces mantenerlo apretado en el fondo es lo que suelo elegir. A menudo es importante para el bajo mantener la estabilidad del arreglo, así que utilizo el bajo para anclar el arreglo. Por ello, no quiero que haya cambios dinámicos drásticos, así que suelo utilizar un ratio alto para mantenerlo fuerte y estable. Sin embargo, si el bajo se toca de forma muy constante, puede que no necesite tanta compresión, aunque un ratio alto puede mantenerlo anclado. Podrías pensar que un ratio alto siempre hará que las cosas suenen aplastadas, pero en realidad es una combinación de múltiples cosas, especialmente los tiempos de ataque y liberación. Con un ajuste de ataque que deje pasar el transiente inicial, puedes comprimir más la señal sin que suene aplastada.

A veces, para los bajos y otros instrumentos sólo se necesita una reducción de ganancia de unos pocos decibelios para mantener todo estable. Esto le da a todo el bajo un poco más de fuerza. Y al repasar cada uno de los tipos de compresor, me decido por el que parece encajar mejor en la pista, ya lo has adivinado, ¡utilizo mis oídos y lo escucho en la mezcla completa!

A veces, para los bajos y otros instrumentos sólo se necesita una reducción de ganancia de unos pocos dB para mantener todo estable.

- ## 3. GUITARRAS

Si se trata de guitarras acústicas con cuerdas, es posible que quieras controlar los picos y dejar el resto de la señal en paz. Si ese es el caso, te recomiendo que elijas una relación media de 4:1. Luego, trata de encontrar el punto del umbral donde la ganancia se reduce unos 2-3 dBs en todo momento, mientras que empujas los picos un poco más fuertes en aquellos puntos donde los toques llegan un poco más alto. Cuando estás empezando a aprender sobre la compresión es bueno tener una pantalla en tu compresor para que puedas ver lo que está sucediendo con la forma de onda.

Algunos compresores de serie lo tienen, pero uno de mis favoritos es el Fabfilter Pro-C porque puedes ver realmente a qué partes de la forma de onda está afectando el compresor. De esta forma puedes concentrarte en los picos mientras dejas el resto de la señal totalmente intacta.

Para captar los picos necesitarás un ataque rápido. Si tus ajustes de ataque son continuamente variables (y no sólo Rápido/Lento) entonces tienes cierto control sobre la cantidad de transitorios que dejas pasar. Si te gusta el rasgueo, pero quieres captar la mayoría de los picos, entonces mover gradualmente el ataque más y más rápido mientras escuchas la señal te dirá dónde está el ajuste más óptimo de milisegundos del tiempo de ataque. Lo que pasa con las guitarras estridentes es que cortan la mezcla. Si ajustas el tiempo de ataque demasiado rápido, es posible que no obtengas algo que suene bien en el contexto. Por esa razón, tendrás que escuchar realmente lo que estás haciendo mientras das forma a la señal con la compresión. Analiza el instrumento solo, pero mézclalo en contexto con el resto del arreglo.

En el caso de las guitarras eléctricas, suelo hacer trampa y utilizar un plug-in como el Renaissance Axx, que sólo me permite controlar el ataque y el umbral. Los plug-ins diseñados específicamente para las guitarras son una forma estupenda de eliminar el tanteo. Y si no suenan bien, siempre puedo pasar a otra cosa. Los ratios bajos de 2 o 3:1 pueden ayudar a controlar las guitarras y, en general, tienden a engrosar las cosas sin aplastar la señal. Si se combinan con algunos ajustes de los tiempos de ataque y liberación y se busca una reducción de la ganancia de un par de decibelios, se suele obtener una pista de guitarra bien comprimida que se integra bien en la mezcla.

• 4. VOCES

Si una voz tiene mucho rango dinámico hay una cosa que puedes hacer, similar a lo que recomendé con las guitarras acústicas. Mantén el umbral muy bajo para que apenas comprima y utiliza un ratio alto para que el compresor sólo reaccione cuando esos picos fuertes superen el umbral, pero deja el resto de la señal intacta. Un tiempo de ataque y liberación rápido debería mantener el compresor trabajando sólo en esos picos. Un compresor de estilo FET funcionaría bien en este caso porque es un estilo bastante rápido y tiene un Knee fuerte para aplastar ese audio inicial. Podrás ver la compresión trabajando sólo en esos picos, lo que controla la voz un poco mejor en esas partes.

Una forma alternativa de comprimir las voces es hacer exactamente lo contrario. Utiliza una relación baja de 1,5:1 o 2:1 y ajusta el umbral para que se comprima continuamente. Esto aprieta la voz y la mantiene más ajustada sin que suene demasiado comprimida. Puedes hacer ambas cosas en serie, lo que es similar a mi siguiente truco.

• COMPRESIÓN EN SERIE

No es necesario utilizar un solo compresor o ajuste de compresión en una pista. Poner dos compresores en una pista en serie puede ayudar, si los compresores están abordando dos problemas distintos.

Si quieres que la voz se asiente mejor en la mezcla después de tratar el hipotético problema de dinámica anterior, puedes añadir un segundo compresor más lento después de ella. Un compresor óptico del tipo LA2A con un Knee suave, una relación de 2-3:1, un ataque rápido y una liberación media ayudarán a que la voz se asiente mejor en la mezcla. Luego, simplemente es cuestión de pasar por alto el compresor para escuchar si la voz suena mejor. Normalmente se nota porque la voz suena más débil y no está tan presente y nivelada en la mezcla.

Este consejo de compresión en serie es muy similar a la táctica de utilizar el compresor 1176 para abordar los picos y el LA2A para encargarse de dar presencia a la voz. En realidad, es muy común y puedes conseguir el mismo efecto utilizando el tipo FET y el tipo Opto (suponiendo que tengas varios tipos).

• 1. LOS COROS

Los coros pueden ser complicados porque hay que mantenerlos audibles en la mezcla, pero fuera del camino de la voz principal. Una forma de hacerlo es con la ecualización, cortando los medios altos de 900 Hz a 3 kHz para crear un hueco para la voz principal, pero la compresión también juega un papel importante. Suelo agrupar todos mis coros y tratarlos con un compresor en bus. Si encuentras un buen punto medio en el que todas las voces se mantengan consistentes y con un nivel adecuado, deberías estar listo. Normalmente hay un buen preajuste para usar como punto de partida, y luego sólo tienes que ajustarlo según lo que hagan los coros. Una proporción de hasta 4:1 está bien porque normalmente quieres mantener las cosas un poco apretadas en el fondo. Combinar eso con un ataque rápido significa que no tenemos ningún transiente molesto que se escape para desordenar el resto de la mezcla. Ajusta la configuración, haz un análisis en solitario y luego ponlo en contexto con la mezcla. Si las voces de apoyo se ajustan bien a la voz principal, estás listo para seguir.

- ## 2. PIANO Y TECLADO

La compresión de teclados y pianos es algo para lo que nunca he tenido un método. La diferencia entre un teclado eléctrico arenoso y un piano de cola espacioso significa que requieren dos enfoques drásticamente diferentes.

En el caso de los teclados y órganos de rock, me gusta presionarlos un poco para que se abran paso en la mezcla. Especialmente si no está actuando realmente como instrumento principal y puede permanecer en el fondo, un ratio más alto puede mantenerlo por debajo de todo. Luego es cuestión de ajustar el ataque para que el transiente inicial se abra paso, ya que una relación alta puede tender a aplastar la señal de forma considerable. Entonces sólo tienes que ajustar el umbral hasta que suene como si estuviera comprimiendo bien y se asiente bien con la pista de acompañamiento.

En el caso de los pianos, no debes excederte en la compresión porque quieres mantener la dinámica natural del instrumento. Dicho esto, sí debes controlar los picos, especialmente si el piano está tocando acordes agresivos (piensa en "Love Song" de Sara Bareilles). En ese momento, un ataque rápido y una liberación media funcionarán bien. Una relación de 3:1 o 4:1 es un buen punto intermedio entre controlar los picos y exprimir el rango dinámico.

En el caso de los pianos, no debes excederte en la compresión porque quieres mantener la dinámica natural del instrumento.

COMPRESIÓN PARALELA

Una gran manera de añadir un montón de punch a tus mezclas es utilizar la compresión paralela apretada junto con la compresión que añades a las pistas individuales en sí. Es posible que sólo quieras montar suavemente la reducción de ganancia en las pistas, pero si añades compresión paralela en una pista separada puedes ser muy creativo.

La forma de hacerlo es sencilla. En este caso, imaginemos que estás añadiendo compresión paralela a la batería para conseguir que se escuche mejor.

1. ¡Envía tu bus de batería a otra pista auxiliar.

2. Añade un compresor a la pista auxiliar.

3. Pon el compresor a tope, con un ratio alto, mucha reducción de ganancia, un ataque rápido y una liberación lenta. Quieres que la batería esté muy comprimida y con mucho volumen en la pista auxiliar.

4. Para mayor medida, añade un ecualizador a la pista auxiliar después del compresor. Aumenta los agudos y los graves. Esto hace que los agudos y los graves estén más presentes sin aumentar los transientes de la pista de batería. Como el ataque es tan rápido y la liberación tan lenta, el compresor se come todos los transientes, de modo que lo único que se consigue es ese aumento en los graves y el brillo en los agudos.

5. Mezcla la pista auxiliar comprimida con el bus de batería a tu gusto.

Normalmente, esto da como resultado un sonido que atraviesa la mezcla sin estorbar al resto de los instrumentos. Simplemente añade una presencia extra a todo.

No es necesario limitar esta técnica sólo a la batería. Pruébalo con las voces para que estén muy presentes en la mezcla. He tenido mucha suerte con varios tipos de procesamiento en paralelo en varios instrumentos, así que, si a una pista le falta algo de fuerza, pero reacciona mal a tu compresor en la inserción, prueba en paralelo para ver si añade la fuerza que necesitas.

¿QUÉ ES LA COMPRESIÓN MULTIBANDA?

Un compresor multibanda divide tu audio en diferentes bandas de frecuencia, mientras que el resto de los parámetros de compresión permanecen iguales. Es genial para cuando quieres comprimir un rango de frecuencias particular de forma diferente a otro.

Durante mucho tiempo tuve miedo de usarlo porque no estaba seguro de cómo funcionaba correctamente. Así que seguí utilizando mis otros compresores, sin darme cuenta del potencial que estaba dejando pasar.

Siempre solía utilizarlos en la masterización, eso me parecía más fácil y sencillo.

No fue hasta que me di cuenta de las capacidades de resolución de problemas del compresor multibanda que finalmente me enganché.

Estas son algunas de las formas en las que puedes utilizar un compresor multibanda:

1. **En el bus maestro** - Conseguir una gran mezcla desde arriba hacia abajo (forma descendente) con la compresión multibanda

me permite marcar la compresión correcta en los rangos de frecuencia adecuados.

2. **Para controlar los bajos turbios** - A veces aplico un compresor multibanda a un bajo y comprimo un poco más los medios bajos para que el bajo se integre mejor en la mezcla sin añadir demasiado ruido.

3. **En el bus de batería** - Un compresor multibanda te permite comprimir todo el kit de batería a diferentes niveles a lo largo de todo el espectro de frecuencias. Esto es genial cuando necesitas aumentar el bombo en el extremo inferior pero no quieres que los platillos se compriman constantemente cada vez que el bombo golpea. A la inversa, también puedes controlar los platillos de esta forma si tus platillos están demasiado presentes, además de controlar las molestas resonancias y los sobre tonos de la batería.

4. **Suavizar voces** - Si encuentras una frecuencia específica en la voz que está causando problemas, simplemente ajusta las frecuencias de cruce del compresor multibanda para que domine ese rango de frecuencias en particular y deje el resto de la voz en paz.

El compresor multibanda es una herramienta muy útil para hacer mezclas mejores. Éstas son sólo algunas de las formas en que puedes utilizarlo para mejorar tus mezclas, así que asegúrate de experimentar con otros instrumentos y ajustar las bandas de frecuencia a tu gusto.

Si tienes un buen punto de partida, ¡sólo tienes que hacer unos cuantos ajustes para obtener un buen resultado!

- **REVISA TU MEZCLA Y REBALANCEA SI ES NECESARIO**

Todo tu enfoque con la compresión se reduce básicamente a esto:

1. Añade compresión a cualquier pista que lo necesite (probablemente a casi todas).
2. Encuentra el tipo de compresión que te gusta.
3. Busca un preset si quieres un punto de partida sencillo.
4. Ajusta el umbral y la relación (ratio) según tus necesidades.
5. Ajusta los tiempos de ataque y "release" para dar forma a la dinámica de la señal.

Analiza la pista en solitario si es necesario, pero escucha siempre la pista en el contexto de la mezcla.

Una vez que hayas añadido compresión a todas las pistas que lo necesiten y hayas conseguido que tu mezcla tenga más fuerza y sea más manejable, es el momento de rebalancear. Lo más probable es que hayas pasado por alto alguna etapa de ganancia (le pasa a todo el mundo), así que es posible que quieras volver a los faders y rebalancear cualquier instrumento que se haya vuelto demasiado fuerte o demasiado suave. Además, la compresión puede afectar negativamente a los aumentos de ecualización que hayas hecho antes de añadir la compresión, por lo que es posible que quieras añadir un ecualizador después del compresor para compensar cualquier pérdida de frecuencia.

Después de balancear, ecualizar y comprimir la mezcla, es posible que notes que el arreglo suena un poco plano. Eso no es sorprendente en absoluto. Todavía no has añadido profundidad a la mezcla. En el próximo capítulo hablaremos de cómo dar cuerpo a tu mezcla en el departamento de profundidad utilizando el reverb y el delay.

Así que, para recapitular, las principales cosas que hay que tener en cuenta a la hora de comprimir son:

1. Asegúrate de que el umbral es relativo a la señal real. Un umbral que se establece en un punto en el que el audio nunca cruza entonces el umbral hará que un compresor haga nada.

2. Ajusta el ratio en función del peso que quieras para tu sonido. He descubierto que los ratios más bajos funcionan mejor en cosas que no quieres que suenen demasiado comprimidas, pero los ratios más altos son buenos en cosas como los golpes, los bajos y otras cosas que quieres que suenen con fuerza, pero no te importa reducir demasiado el rango dinámico.

3. Los ajustes del tiempo de ataque y liberación pueden realmente dar forma al sonido del instrumento. Los ataques más lentos son buenos para cuando necesitas que los transitorios se corten. Los tiempos de release más lentos pueden suavizar el sustain de una señal.

4. Por último, ten una razón para comprimir, aunque esa razón sea "me pregunto cómo suena un LA-2A aquí". Si te limitas a ponerle un compresor a todo, sin ajustar ninguna configuración y pensando que es necesario un compresor en una pista, entonces no estás utilizando la compresión en todo su potencial. Ajustar la configuración, modificar el umbral, el ratio, el ataque y el release puede ayudarte a dar forma a tu mezcla, así que dedícale algo de tiempo. Incluso subir el volumen de tu instrumento sin escuchar la mezcla completa, para escuchar los pequeños detalles que aportan el ataque y la liberación puede ser muy educativo.

Capítulo 5
Reverb y Delay

Ahora vamos a hablar de añadir espacio a la mezcla.

Hipotéticamente, si yo estuviera mezclando junto con este libro, la canción ya estaría sonando bastante balanceada. Podrías escuchar todo lo que está pasando, pero podría sonar un poco plana. Esto se debe a que la mayoría de los instrumentos están secos y ocupan todos la misma región, por lo que suenan muy bidimensionales.

La mezcla se ha paneado para que haya cosas de izquierda a derecha, y se ha ecualizado y comprimido para que todos los instrumentos funcionen más o menos donde están ahora, pero no hay espacio de adelante hacia atrás. Todo está en la parte delantera, por lo que es difícil disfrutar escuchándolo así.

El concepto de espacio en una mezcla es muy subjetivo, así que este será un capítulo interesante. Es posible que no utilices todos los consejos de este capítulo, sino que elijas según tus necesidades. De lo contrario, podrías desbaratar la mezcla con demasiada reverberación. No querrás que tu mezcla suene arrastrada, así que asegúrate de que no te pases añadiendo espacio.

Hay muchas formas diferentes de utilizar la reverberación y el retardo. Intentaré darte varias opciones diferentes que puedes utilizar para que acabes con algo interesante al final. Sólo asegúrate de no dejarte llevar demasiado experimentando. Y haz que la reverberación se quede al final para que no suene demasiado amateur.

No querrás que tu mezcla suene arrastrada, así que asegúrate de que no te pases añadiendo espacio.

PARÁMETROS DEL REVERB

En todos los de reverbs tenemos algunos de los mismos parámetros para manipular. Los plug-ins de reverberación más básicos sólo tienen uno o dos, pero algunos de los más avanzados tienen capacidades de personalización casi ilimitadas. Veamos algunos de los parámetros típicos que solemos ver en un reverb.

1. Tamaño/tipo de sala

El tamaño determina lo grande que se sentirá tu reverberación y lo grande que sonará tu mezcla. Esto puede estar predeterminado por el tipo/modo de reverberación o simplemente por el número de segundos que haga el decaimiento. Por ejemplo: una reverb de 0,5 segundos suena mucho más corto y pequeño que uno más largo y exuberante de 3,3 segundos.

2. Pre-delay

Un pre-delay empuja el reverb desde la fuente de sonido. Esencialmente retrasa el sonido del reverb en el número de milisegundos que elijas. Piensa en el pre-delay como la distancia a las paredes. Con más pre-delay las paredes están más lejos, lo que significa que habrá más tiempo antes de que escuches el reflejo volviendo a la fuente de sonido. Es ideal para hacer que una balada suene espaciosa, pero manteniendo la voz al frente. Ajusta el pre-delay en 20-40 ms para escuchar cómo la reverberación se aleja de las frases iniciales de la voz, por ejemplo.

3. Reflexiones tempranas/tardías

Son la suma de todas las reflexiones que se producen después de la señal de origen. Piensa que estás en una habitación, la reflexión temprana es el primer sonido que rebota de la pared más cercana. Las reflexiones tempranas pueden indicarnos fácilmente lo grande o pequeña que es una habitación. Si la reflexión se produce casi instantáneamente, entonces estamos en una habitación pequeña. Si tarda en volver, lo más probable es que estemos en una catedral o una sala grande.

4. Amortiguación o Damping

Este parámetro amortigua, o suaviza, las frecuencias más altas. No siempre se quiere una reverberación muy brillante porque puede distraer mucho en la mezcla. Piensa en la amortiguación como el material natural que tienes a tu alrededor, las cortinas, las alfombras y los sofás que absorben las frecuencias más altas. El factor de amortiguación de una reverberación determina básicamente la cantidad de esos agudos que se filtran. Funciona de forma bastante similar a un ecualizador. La amortiguación de las altas frecuencias corta los agudos, la amortiguación de las bajas frecuencias se come los bajos.

5. Densidad

La densidad decide el grado de "espesor" de la reverberación. Cuanto más densa sea, las reflexiones se acumularán para crear un sonido más denso, creando un sonido más grueso. Si tu reverberación tiene una densidad más baja, creará más espacio y tiempo entre cada una de las reflexiones. En las frecuencias bajas, la reverberación sonará más como un eco que como una reverberación natural que se mezcla consigo misma.

6. Difusión

Un difusor básicamente dispersa los reflejos y hace que la sala suene más viva en lugar de dura y reflectante.

7. Filtros de frecuencia

Esto se explica por sí mismo. La ecualización de tu reverberación es increíblemente importante para darle forma a tu mezcla. A veces, todo lo que necesitas hacer es filtrar los agudos y los graves para obtener la mayor parte del espacio en los medios. Si tu reverb no tiene filtros de frecuencia, añade un ecualizador después del plug-in de reverb en tu bus auxiliar y utilízalo para controlar la respuesta de frecuencia del reverb. Un exceso de frecuencias bajas puede desordenar la mezcla en poco tiempo. Por el contrario, una reverberación de alta frecuencia puede sonar sibilante y áspera, ninguno de los cuales es una buena característica que debes tener en tu mezcla.

8. Wet/Dry

Es una buena idea utilizar la reverberación y el retardo como efectos de envío en lugar de inserciones. Así podrás tratarlos por separado y mezclar mejor los instrumentos. Si no quieres la molestia de usar envíos, puedes insertar una reverberación en la propia pista. Como inserción, pon la mezcla en Dry al 100% mientras ajustas la mezcla en Wet hasta que suene bien y con "reverberación". De lo contrario, si utilizas la reverberación como un envío, asegúrate de que la reverberación está ajustada al 100% en Wet.

LOS DIFERENTES MODOS DE REVERBERACIÓN

Todos los modos de reverberación suenan de forma diferente. Una espaciosa catedral española va a sonar de forma muy diferente a tu sala.

Cuanto más grandes son los espacios, más grandes suenan. Los ingenieros sabemos lo que podemos conseguir musicalmente aprovechando estos espacios en nuestras mezclas. Los diferentes espacios que podemos elegir en nuestras producciones se llaman "modos de sala". Los modos de reverberación son básicamente categorías de espacios diferentes que tienen un carácter y un sonido distintos.

1. Sala (Room)

Salas pequeñas, techos bajos. Piensa en un garaje, un baño o una pequeña sala de estudio. Es bueno añadir un poco de ambiente a los instrumentos. También es bueno si encuentras un buen sonido de sala que funcione para unir una sección de instrumentos. Nunca va a sonar tan exuberante como una sala, pero tiene el carácter adecuado para algunos géneros y sonidos.

Cuanto más grandes son los espacios, más grandes suenan. Los ingenieros sabemos lo que podemos conseguir musicalmente aprovechando estos espacios en nuestras mezclas.

2. Hall

Las salas son grandes y exuberantes y suenan muy bien porque suelen estar diseñadas a imagen y semejanza de las salas de conciertos elegantes (por ejemplo: La ópera o una orquesta sinfónica). Sin embargo, las salas pequeñas pueden ofrecer lo mejor de ambos mundos: exuberancia sin dejar de ser ajustadas. Utiliza las salas grandes para crear grandes producciones vocales, enormes sonidos de batería y otras cosas que quieras hacer grandes en la mezcla. Los pabellones pequeños siguen sonando más grandes que las salas pequeñas, y tienen una calidad más reflectante que una habitación.

3. Cámara o Chamber

Antiguamente, los ingenieros enviaban el audio desde la sala de control para reproducirlo en monitores dentro de grandes cámaras reverberantes. Fueron esencialmente las primeras reverberaciones reales construidas. Los micrófonos recogían el ambiente y la reverberación de estas cámaras, que luego se añadían a la mezcla. Las cámaras pueden sonar grandes, pero normalmente no tienen muchas reflexiones tempranas, lo que da al sonido más espacio sin reflexiones audibles.

4. Plate

Los plates son muy interesantes. En el mundo real, son grandes placas electromecánicas que vibran con el sonido. Las pastillas de las placas recogen las vibraciones de la reverberación que luego se añaden a la música. Los plates suelen ser bastante densos, pero no suenan con eco ni con espacio, es un sonido de reverberación más suave que otras modalidades. Los plates son populares para la batería (especialmente las cajas) y para las voces. Por supuesto, hoy en día sólo trabajamos con las emulaciones de software de estos grandes mecanismos. Uno de mis plug-ins favoritos es el Universal Audio EMT 140 Plate Reverb.

5. Spring

Sube la reverberación de **Spring** de tu amplificador de guitarra y dale intensidad. Escucharás un gran "¡Boing!". Eso es la reverberación de Spring. Es muy popular en la música de surf y es genial para las guitarras. El sonido se envía a través de unos muelles que reverberan y crean ese sonido Spring. Aunque se reserva principalmente para las guitarras, no tengas miedo de experimentar con ella en otros elementos de tu mezcla.

6. Respuestas al impulso

Las respuestas al impulso (IR) son instantáneas digitales de espacios acústicos. Algunos plug-ins de reverberación son sólo IR (como el Space Designer de Logic). Suelen tener un montón de respuestas al impulso que suenan muy bien y que van desde habitaciones sencillas hasta espacios extraños, comúnmente reservados para el diseño de espacios (piensa en el ruido ambiental de una película sobre el espacio). Aunque la creación de respuestas al impulso está fuera del alcance de este libro, puedes encontrar un montón de IRs personalizadas con una simple búsqueda en Google.

UNA MANERA FÁCIL DE ENCONTRAR LA REVERBERACIÓN ADECUADA PARA TU MEZCLA

Con todas las opciones de reverb, puede ser difícil saber qué debes elegir para tu próxima pista.

¿Qué debes tener en cuenta a la hora de elegir el espacio adecuado para tu canción?

Aunque tengas un reverb que suene bien, puede que no funcione para ese acto de folktrónica alternativa que acabas de grabar.

- **Piensa en el tempo de la canción**

  Si estás trabajando con una canción de tempo rápido que tiene que quedar clara y bien definida, estropearla con una reverberación larga sólo hará que la mezcla suene desordenada. Piensa en el tempo de la canción y selecciona la reverberación dependiendo de ello. Una canción más lenta puede utilizar una reverberación más larga, y las canciones más rápidas pueden necesitar una reverberación muy corta. También puedes utilizar delays en su lugar.

- **Piensa en la forma de la canción**

  ¿Quieres que la mezcla general sea seca, o quieres que una exuberante reverberación llene el espacio? ¿Algunas de las pistas pregrabadas ya tienen mucha reverberación y espacio, o se grabaron todas muy secas? Piensa en lo que quieres que sea tu mezcla y elige la reverberación en función de ello.

- **Piensa en la exuberancia del arreglo**

  ¿El arreglo va a ser muy seco y directo, o todo va a quedar ahogado en el espacio? Es posible que tengas que mantener algunos elementos secos, aunque vayas a realizar una mezcla extremadamente procesada. Cuanta más reverberación pongas en tus instrumentos, más deberás anclarla con al menos algunos instrumentos secos (sin procesar). Además, ten cuidado con añadir demasiada reverberación, ya que puede ser un signo de una producción muy amateur.

- **Piensa en el ritmo de la pista de la voz.**

¿El cantante está cantando notas largas y sostenidas, cantando scat o rapeando? Estos son algunos de los factores que debes tener en cuenta a la hora de elegir el reverb para la voz. El ritmo de la voz puede indicarte si la reverberación que has elegido funciona realmente. Si vas a cantar "My Heart Will Go On" de Celine Dion de forma prolongada, una reverberación grande y larga puede funcionar excepcionalmente bien. Pero si tu cantante es Scatman John, una reverberación larga probablemente te estorbará. Prueba con un modo Plate, corto, una reverberación de ambiente o un retardo para los estilos de canto más entrecortados, estilos de canto más staccato.

- **Piensa en la sala**

Piensa en la instrumentación y experimenta con la colocación de todos juntos en la misma sala. Algunos instrumentos suenan muy bien juntos cuando se "colocan" en la misma sala o plug-in de reverberación. Digamos que tienes una respuesta de impulso que suena muy bien en un antiguo estudio de grabación. Utiliza la reverberación de esa sala para unir los instrumentos.

- **Piensa en el contraste**

Utiliza diferentes reverbs para diferentes partes de la canción para crear contraste. Por ejemplo, la reverberación de la batería. Las estrofas pueden ser grandes y espaciosas, con una reverberación pesada y nítida con los platillos. A continuación, crea un estribillo con fuerza, con compresión paralela y una pequeña sala de batería para crear un estrecho contraste con la estrofa espaciosa. Tómate un momento para pensar en las características de la mezcla que tienes entre manos y luego elige la reverberación que consideres adecuada.

- **Piensa en el estilo**

Otra forma de utilizar la reverberación es crear una sensación de estilo en toda la canción.

Si utilizas una reverberación principal en la que añades a todos los instrumentos, ésta va a dictar la sensación de estilo y espacio de la canción.

- Si utilizas una sala pequeña, obtendrás un sonido más ajustado y crudo.
- Utiliza una sala grande y obtendrás una sensación más grande.

Dependiendo de lo que elijas, puedes llevar la canción en múltiples direcciones.

La reverb no consiste en añadir un poco de espacio a una pista y darla por terminada. Es un proceso deliberado y reflexivo en el que el espacio que elijas puede cambiar radicalmente el sonido de la mezcla, por lo que hay que crear espacios alrededor de estos instrumentos que tengan sentido.

No se pueden tener grandes pads de cuerdas y violines que suenen como si se estuvieran tocando en un garaje. Y no puedes poner una reverberación estilo catedral en una guitarra acústica rítmica. Eso sólo desordena la mezcla.

Si dedicas tiempo a revisar los ajustes de reverberación y a encontrar los tipos adecuados que se ajusten a la canción, terminarás con una mezcla mejor.

Si dedicas tiempo a revisar los ajustes de reverberación y a encontrar los tipos adecuados que se ajusten a la canción, terminarás con una mezcla mejor.

LA DIFERENCIA ENTRE PRE Y POST-FADER AL USAR REVERBS

Muchos DAWs utilizan por defecto un envío post-fader o post-pan cuando se utilizan efectos. Por ejemplo, Logic Pro X utiliza por defecto el envío post-fader y creo que la mayoría de los demás DAW también lo hacen. Esto significa que cuando manipulas el fader de la pista original, el nivel que va a la reverberación se ve afectado de la misma manera. Si bajas el volumen de la pista, la reverberación también baja, y viceversa.

La mayoría de las veces esto es genial porque una vez que has encontrado el balance del fader de la pista sin procesar y decides enviar la pista a una reverberación, el balance relativo de la reverberación cambia a medida que subes o bajas la pista original.

Sin embargo, el uso de un envío pre-fader puede dar lugar a algunos experimentos interesantes en el diseño de sonido y puede ayudarte a hacer cosas realmente espaciosas y enormes.

• UN GRAN REVERB EN LA BATERÍA

Tomemos como ejemplo un grupo de tambores.

Una vez que hayas mezclado la batería como quieres con EQ,

compresión y quizás algo de saturación, querrás añadirle algo de profundidad con una reverberación. Así que crea una reverberación de batería que sea lo suficientemente larga como para dar a la batería algo de espacio, sin saturar la mezcla con demasiada reverberación.

Hasta aquí todo bien.

Luego envías la pista de batería a la pista de reverberación para añadir espacio. No demasiado como para que se pierda. No tan poco como para que no se oiga la diferencia. Una cantidad de Ricitos de Oro (con prudencia). Lo justo. Y como el envío es post-fader, cada vez que cambias el nivel del fader del grupo de batería, el nivel de reverberación se mantiene constante.

Sin embargo, hay una parte de ruptura en medio de la canción en la que quieres que la batería suene extrañamente distante. Quieres que la batería suene como si todo lo que escucharas fuera la reverberación en lugar de la mezcla de las dos pistas.

Una forma, sería silenciar el grupo de batería sin silenciar la reverberación, pero eso es complicado en algunos DAW. Y si bajas el volumen del fader de la pista de batería, el volumen de la reverberación se va con él porque es un envío post-fader.

• EL ENVÍO PRE-FADER AL RESCATE

Es entonces cuando entra en juego el envío pre-fader. Al cambiar los envíos a pre-fader, puedes controlar la cantidad que va al envío independientemente del nivel de la pista original.

Con un envío pre-fader, puedes bajar el volumen del grupo de percusión hasta el final, y eso no afectará al nivel de envío que va a la reverberación. De esta forma, puedes hacer que la reverberación controle la pista como un efecto si quieres que algo suene distante y disipado.

Utilizo este truco todo el tiempo cuando no puedo conseguir la proporción correcta de señal original/señal procesada (%) cuando estoy haciendo efectos diferentes. Es ideal para empujar grandes líneas de pistas a la parte posterior de la mezcla y crear texturas en la mezcla general.

Ten en cuenta que debes utilizar este truco con moderación. Es un efecto, no una forma de pegar las pistas. Pero puede ser muy útil cuando necesites empujar cosas hacia atrás en la mezcla. En nuestro ejemplo de grupo de baterías, podrías bajar el volumen del fader hasta el fondo de la ruptura, y todo lo que oirías sería la batería con reverb en la distancia.

USO DE UNA REVERBERACIÓN EN LA MEZCLA

Una de las formas más sencillas de añadir reverberación a tu mezcla es crear una reverberación general para todo. Una vez que hayas encontrado un buen preset que funcione para el estilo de la canción que estás mezclando, normalmente sólo es cuestión de añadir todo a él. En ese momento sólo tienes que decidir qué quieres que esté seco y al frente y qué quieres empujar detrás de los otros elementos.

Selecciona una sala, un cuarto o un plate medio y ajusta el tiempo de decaimiento a unos 1 - 1,5 segundos. Notarás rápidamente cómo reaccionan los instrumentos cuando añades reverberación a la mezcla. Una buena forma de empezar es tener el objetivo de que no se note demasiado. Intenta utilizarla para añadir algo de profundidad.

Digamos que quieres empujar la batería y los coros detrás de todo lo demás. Entonces añades la mayor cantidad de reverb a esos elementos. Si suenan demasiado alto porque tienen mucha reverberación, puedes bajar el fader de la pista original.

Consejo profesional: Si te gusta la reverberación intensa en la pista, pero quieres que los instrumentos originales se escuchen muy suaves, aquí es donde la técnica de reverberación pre-fader de la que hablé antes puede ser muy útil. Esto te ayudará a mantener los instrumentos originales muy suaves, pero manteniendo la sensación de reverberación intensa y el espacio de la pista.

Si hipotéticamente has colocado la batería y los coros en la parte posterior, en realidad sólo tienes dos puntos del espectro de profundidad de adelante hacia atrás. Todo lo demás puede seguir sonando bastante cerca y personal, por lo que querrás añadir algo más de reverb a las pistas que quieres que jueguen un papel secundario respecto a los instrumentos principales, como las voces y los solos de guitarra. Si añades algo de reverberación a las guitarras (pero no tanta como a la batería), básicamente empujarás las guitarras un poco por detrás de la voz mientras las mantienes delante de la batería.

Si la voz es muy seca, añade también un poco de reverberación, pero mantén una cantidad de reverberación menor (o más pequeña) que la de los otros elementos de la mezcla que estás tratando de empujar detrás de ella.

Yo suelo dejar el bombo y el bajo secos, a menos que busque un efecto específico. Por supuesto, éste es sólo un método sencillo de hacerlo, pero es un buen punto de partida.

Y aquí hay otra nota importante: una vez que añades la reverberación, también tienes que rebalancear las pistas. La reverberación cambia la composición de la mezcla, así que volver constantemente al balance original del fader es crucial para mantener las cosas en su sitio.

• AÑADIR ESTILOS DE REVERBERACIÓN INDEPENDIENTES A LA BATERÍA

Es posible que quieras añadir un reverb completamente separado a la batería que sea diferente de los otros estilos de reverberación de la mezcla. E incluso puedes querer poner una reverb separada en la caja para darle un poco de espacio y grosor extra en la mezcla. La batería a menudo necesita mucha más delicadeza en el departamento de espacio para que suene espaciosa sin saturar el resto de la mezcla.

A veces basta con añadir un bonito "ambiente de sala de batería" a la batería y ya está. Un preajuste como «sala de batería» o «plate de batería» puede ser un buen punto de partida.

Sin embargo, en algunos géneros si realmente quieres poner esa caja en primer plano y hacer que suene un poco diferente. Una buena forma de conseguir un buen y largo "thwack" de la caja sin añadir demasiado decaimiento de reverberación, es encontrar un buen sonido de reverberación corto que añada más densidad que "espacio" a la caja. Esto es cuando usas la reverberación para añadir "tono" en lugar de "espacio" a un instrumento, algo que también puedes hacer con otros instrumentos. Busca una reverberación que sea lo suficientemente corta como para dar ese toque extra a la caja sin saturar el resto de la pista de batería. Esta reverberación de la caja se extenderá al resto de las pistas, sobre todo si no se ha aplicado una compuerta a la caja. Esto no tiene por qué ser algo malo, así que simplemente compara el sonido. Puede que ese espacio extra en la caja le dé a la batería un poco más de potencia. Gran parte de las mezclas pueden ser accidentales, así que experimenta siempre que no estés pendiente de terminar una mezcla y empieza a tomar notas mentales de todos los trucos extraños e inusuales que encuentres.

Si quieres tener un control absoluto sobre el sonido de la caja, probablemente sea una buena idea sacar la pista de la caja del grupo de mezcla de la batería. Así podrás mezclarla de forma totalmente independiente.

- ## A VECES, UNA SOLA REVERBERACIÓN NO ES SUFICIENTE

Una de las cosas que hay que tener en cuenta a la hora de tomar decisiones sobre el reverb es que la reverberación que más te guste puede no funcionar en todas las partes del arreglo.

Por ejemplo, si tienes una gran reverberación en un gran estribillo, puede sonar fuera de lugar si la estrofa es realmente tranquila y relajada. Piénsalo. ¿Qué pasa si el estribillo realmente grande hace la transición a una estrofa íntima y la pista de la caja sigue sonando enorme con una gran caída de reverberación? Eso simplemente no funciona.

Una buena forma de hacer que el espacio y el reverb funcionen en un arreglo que vaya de fuerte a suave es multiplicar las pistas y procesarlas por separado. Por ejemplo, una vez que hayas conseguido un gran sonido de caja con ecualización y compresión, puedes querer el mismo sonido general tanto en la estrofa como en el estribillo. La única diferencia es la mezcla de los reverbs. Si tienes dos pistas diferentes que envíen a diferentes reverbs (una reverb para la estrofa y otra para el estribillo), será mucho más fácil ajustar la cantidad exacta de reverb que necesitas para cada parte del arreglo.

Otra forma de combatir esto es utilizar la automatización para enviar cantidades variables de los instrumentos a la reverberación, de forma que las secciones más secas permanezcan secas mientras que las secciones grandes se automatizan para que suenen grandes.

ECUALIZACIÓN DE LAS REVERBERACIONES

La ecualización no sólo se aplica a las pistas grabadas. La ecualización también es muy útil para hacer que la reverberación encaje mejor en la mezcla. Utiliza la ecualización para evitar el desorden innecesario de los graves o para reducir los agudos para que la reverberación se integre mejor.

Utiliza la ecualización para evitar el desorden innecesario de los graves o para reducir los agudos para que la reverberación se integre mejor.

AJUSTE DE TUS PRESETS DE REVERBERACIÓN

Lo curioso de todos esos presets de tus plug-ins es que no tienen nada que ver con lo que estás usando. Son un sonido enérgico, que puede funcionar en algo similar a lo que tienes en mente. ¿Qué te parece eso, muy ambiguo y vago?

Sin embargo, los presets crean un buen punto de partida. Los reverbs tienen suficientes parámetros para que puedas ajustarlos fácilmente a tu sesión.

NO EXAGERES

Es probable que todavía hagas esto a veces. Es el clásico error de los principiantes. Demasiada reverberación ahoga la mezcla y hace que todo suene "flotando en el aire" (a falta de un término mejor).

Reduce la reverberación. Utilízala para hacer que tus pistas destaquen, pero no hagas que la reverberación sea lo que destaque. ¿Tiene sentido? Quieres escuchar el gran sonido de la voz, quieres que la reverberación sea una parte inherente del sonido vocal, quieres que la reverberación haga que la voz llame la atención, no el reverb mismo.

NO AÑADAS DEMASIADOS ESPACIOS

Demasiados espacios diferentes en una mezcla pueden sonar poco naturales. Si eso es lo que quieres, no tengas en cuenta lo que te digo. De lo contrario, intenta limitarte a unos pocos espacios. Combinar diferentes instrumentos y pistas en el mismo reverb funciona bien para unir los elementos.

Utilizar sólo una reverberación universal puede funcionar en algunos casos, pero es un poco limitado, especialmente para las producciones modernas. Todo sonará demasiado parecido y nada destacará. La clave está en un delicado equilibrio de varios reverbs diferentes, utilizados con moderación.

• UTILIZA LA TÉCNICA DE "LOS TRES VERBOS":

Mi técnica de "Los Tres Verbos" es un ejercicio sencillo para crear limitaciones dentro de las cuales puedes trabajar.

Así es como funciona:

- **Un efecto corto** - Que sea una reverberación muy corta, o incluso un retardo.
- **Un reverb medio** - Dependiendo del género de la canción y de los BPM, la duración y el modo de reverberación pueden variar, pero algo como un plate, cámara o sala corta de 1,2 segundos puede funcionar bien.

- **Un reverb largo** - Esta reverberación se utilizará de forma dispersa para empujar los instrumentos hacia atrás en la mezcla, por lo que una sala o cámara grande puede hacer el trabajo muy bien.

Utiliza esta técnica de reverberación para crear una mezcla de espacios en una mezcla sin sobrecargar tus pistas con demasiado reverb.

Es un método sencillo para colocar tus instrumentos donde quieras en el campo frontal. Te sorprenderá lo fácil que es crear el espacio y la profundidad necesarios sin crear un bus de reverberación y efectos diferente para cada pista de tu mezcla.

Incluso puedes complicar el enrutamiento un poco más enviando una reverb a otra.

Por ejemplo, si envías el retardo a cualquiera de los reverbs a través de un envío pre-fader, esas repeticiones de retardo sonarán difusas y suaves. O si enviaras la reverberación larga al retardo, acabarías con una gran reverberación repetida, algo que podría sonar mejor como un efecto automatizado en lugar de una sensación de espacio. Experimenta con esta técnica en tu próxima mezcla para hacerte una idea de cómo funciona todo. Y si necesitas varias pistas para jugar, echa un vistazo a los recursos del ***Paso a Paso de la mezcla*** en: **www.StepByStepMixing.com/Resources.**

• USO DE LA REVERBERACIÓN EN LAS GUITARRAS

Una de las cosas que hay que tener en cuenta con las guitarras en general, es que pueden beneficiarse totalmente de una buena reverberación, pero cuanto más rítmicas sean, más problemas puede causar la reverberación ya que puede entorpecer la interpretación real.

No siempre tienes ese problema, pero tenlo en cuenta cuando trabajes con guitarras funky de ritmo rápido que realmente necesitan toda la definición posible. Cuanta más reverberación, menos definición obtendrás de las notas porque estarán ahogadas en el espacio y las reflexiones.

Además, si estás trabajando con dos partes de guitarra diferentes, una sostenida y otra rítmica, es posible que no quieras añadirles el mismo tipo de reverberación. Utilizar demasiada reverberación en la guitarra rítmica puede añadir confusión en los medios bajos y desordenar la mezcla, o hacer que suene demasiado descolorido. Si envías más de una guitarra a la misma reverberación, intenta enviar más de las eléctricas que de las acústicas.

Por supuesto, si crees que las guitarras tienen demasiada reverberación en otras partes de la canción, puedes automatizar los envíos para que se ajusten a las diferentes dinámicas de la canción.

Y si crees que es bonito, pero demasiado recargado, a veces reducir el retorno de la reverberación puede hacer que las guitarras tengan la misma cantidad de reverb para sí mismas, pero que haya menos reverberación en la mezcla real. Puedes hacer que los elementos encajen mejor. Pero, de nuevo, se trata de rebalancear.

Lo que ocurre con la reverberación es que no hay una única forma de hacerlo. Hay pautas y métodos para simplificar las cosas, como mi técnica de reverberación descrita anteriormente. Pero en última instancia se trata de experimentar con los plug-ins de reverbs que tienes a tu disposición y encontrar el espacio adecuado que funcione con el estilo o la disposición de la mezcla.

SOBRECOMPENSACIÓN ACÚSTICA

Añadir demasiada o muy poca reverberación no siempre es un subproducto de las malas habilidades de mezcla, sino de un mal tratamiento de la sala. Una sala con mal sonido puede tener todo tipo de efectos en tus mezclas, como añadir demasiados graves. No tiene nada que ver con que seas un terrible ingeniero de mezcla.

A veces sólo hay que arreglar la sala. Pronto hablaremos de la "traducción", pero asegúrate de que estás añadiendo la reverberación adecuada a la mezcla real, no a la mezcla que se reproduce en tu sala/estudio específico. Compruébalo en otros monitores y en otras salas. Una buena forma de saber la cantidad "real" de reverberación en la mezcla es comprobarla con audífonos, de esto hablaremos en capítulos posteriores.

CUANDO EL DELAY ES MEJOR

Tal vez quieras dejar de lado el reverb por un día y utilizar un Delay en su lugar. Los Delays son más fáciles de manejar, y algunos son mucho menos confusos que el reverb.

A veces sólo necesitas un poco de profundidad, sin añadir reverberación, y el retardo puede hacer fácilmente el trabajo. El delay es un procesador bastante sencillo. Cuando envías una señal de audio a un delay, éste simplemente la retrasa durante una cantidad de tiempo predeterminada y luego la mezcla con la señal original. El resultado suele ser una especie de eco. Si el tiempo de retardo es muy corto, lo oirás parecido a la señal original. Si el tiempo de retardo es largo, oirás el eco mucho después de que la fuente de sonido original haya muerto, como si escucharas el eco de tu voz en los acantilados del otro lado del Gran Cañón.

Luego, dependiendo de la cantidad de retroalimentación que utilices, el procesador repetirá la señal retardada varias veces.

• PARÁMETROS DEL DELAY

Estos son los parámetros del Delay más comunes que encontrarás. Algunos delays pueden tener un modelado más analógico o estilos de "carácter", pero los siguientes parámetros son bastante universales en todos los plug-ins de retardo.

1. Tiempo de retardo

Es el tiempo que se establece para retrasar la señal. El tiempo de retardo se establece en milisegundos, de modo que oirás la señal retardada un determinado tiempo en milisegundos, o en sincronización con el ritmo de la canción. Por ejemplo, si sincronizas el retardo con el compás de la canción puedes hacer que el retardo se sincronice en diferentes divisiones de compás, como los octavos o los cuartos de nota, dando como resultado un retardo más musical y rítmico.

2. Filtros

Los delays suelen tener algunos ecualizadores básicos que te permiten filtrar los agudos o los graves de la señal retardada. Esto es útil si no quieres saturar los graves (usando un HPF) o necesitas oscurecer la señal retardada (usando un LPF).

3. Feedback o repeticiones

Este control te permite determinar cuántas veces quieres que se repita el retardo, o que se retroalimente de nuevo. Si sólo quieres algo de profundidad extra, una retroalimentación de cero o sólo una repetición añadirá grosor. Sin embargo, puedes ser creativo con mucha retroalimentación y retrasos infinitos aumentando las repeticiones. Pero, hay una advertencia: hay una razón por la que se llama "retroalimentación", ya que si la subes demasiado, acabará por sobrecargar todo y posiblemente incluso dañar tus monitores si los retardos son demasiado fuertes.

4. Modulación

Muchos retardos tienen parámetros de modulación como Rate y Depth. Esto modulará el retardo de forma similar a como lo haría un plug-in de chorus, desafinando y modulando ligeramente la señal retardada en comparación con la señal original.

5. Fase

Este botón invierte la fase de la señal retardada.

6. Difusión o Tape Head

A veces los retardos tienen un modelado analógico incorporado que está diseñado para hacer que el retardo suene un poco más analógico. A veces esto ensucia ligeramente la señal (de forma similar a la saturación), o desplaza los retardos para que no estén perfectamente alineados.

7. Mezcla

La configuración de la mezcla te permite decidir qué cantidad de la señal original frente a la señal retardada estás poniendo en la pista. Si utilizas un retardo como efecto de envío (lo que normalmente se recomienda), entonces querrás esto al 100% de la señal procesada, o sólo la señal retardada. Como la fuente de sonido original procede de tu propia pista y el retardo está en un bus de efectos auxiliar separado, no es necesario añadir más de la fuente original a la pista de retardo.

• LOS DELAYS NO TIENEN POR QUÉ SER COMPLICADOS

Creo que algunos delays pueden ser demasiado complicados, especialmente cuando necesitas algo sencillo con lo que trabajar. Lo mejor es sincronizar un delay con el tempo de la canción. Ajústalo a 8va o 16ta nota y mézclalo por debajo para darle a la pista algo de profundidad sin que destaque notablemente. Por ejemplo, en el caso de las voces principales, me gusta darles más grosor y profundidad. Al hacerlo, también debes asegurarte de que la retroalimentación sea muy baja.

Sólo quieres que se repita una vez más o menos, casi indescifrable de la voz principal. Si el valor de repetición es alto, el retardo se repetirá varias veces y sonará terrible. Por supuesto, si quieres conseguir un efecto específico, o automatizar la retroalimentación para crear una transición de algún tipo, eso es un caso completamente diferente.

En cuanto a la ecualización, yo recomendaría filtrar los graves y los agudos. Normalmente los delays tienen filtros adecuados para ello. Por último, el LFO (oscilador de baja frecuencia) ayuda a desajustar ligeramente el retardo para que no sea un clon perfecto de la pista original. Esto hará que suene un poco más como un doble seguimiento automático y añadirá más profundidad a la pista de la voz.

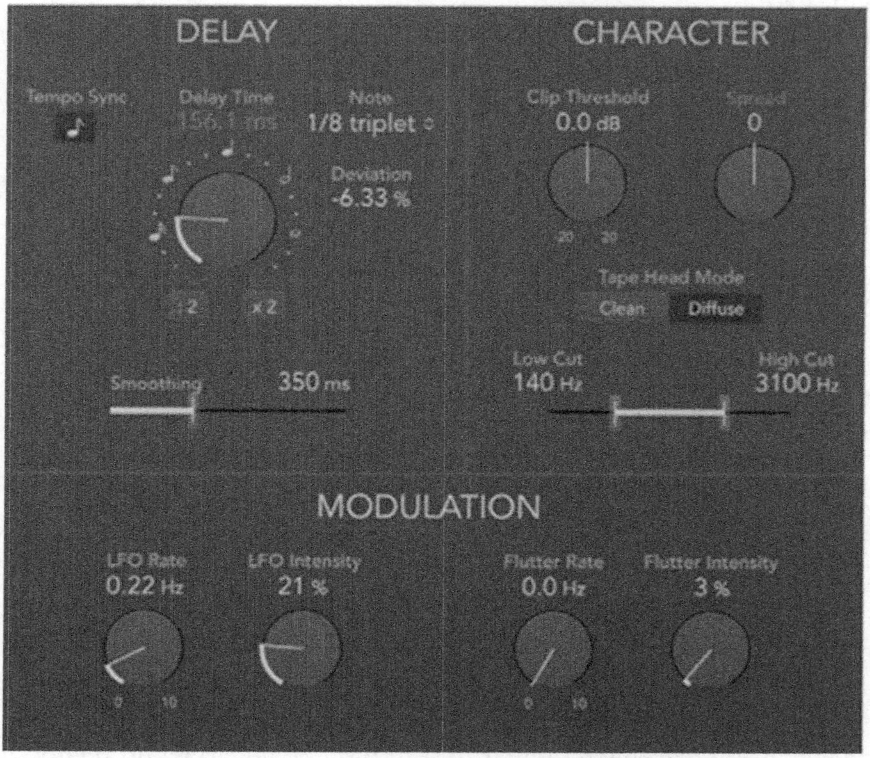

Retardo de cinta mono con ligera modulación y filtrado en frecuencias altas y bajas

Esos son realmente los únicos parámetros que importan cuando utilizo el delay.

Hay un montón de delays locos y complicados que pueden usarse para diferentes propósitos y para diferentes géneros, pero he descubierto que cuanto más simple es el delay, mejor puedo usarlo en la mezcla. Por ejemplo, el Tape Delay de la serie de Logic es muy sencillo y uno de mis delays favoritos, aunque tengo el plug-in Fabfilter Timeless Delay.

Timeless es demasiado complicado para mis propósitos, así que tiendo a mantenerme alejado de él.

Entonces, ¿cuándo sustituirías tu reverb por un poco de delay?

- **Para los solos de guitarra**

Por supuesto, los solos de guitarra pueden sonar muy bien con una gran cantidad de reverb. Pero pueden sonar igual de bien con un buen delay.

Utiliza un retardo estéreo corto o medio con una repetición. Añadirá amplitud y profundidad a tu señal inmediatamente. El retardo estéreo hará que el solo suene más amplio, y la única repetición del retardo añadirá la profundidad.

Y si tienes la señal original en el medio, la suma a mono no arruinará el sonido.

- **Para la guitarra rítmica**

Utilizar tanto la reverberación como el retardo puede arruinar rápidamente una toma de guitarra rítmica ajustada. Si usas demasiado de cualquiera de ellos, acabarás con una pista de guitarra desordenada.

Sin embargo, el uso de un eco de slap corto o un retardo en la 8va nota puede añadir algo interesante. Envía tu pista de guitarra a un retardo a través de un envío, y luego mezcla la pista retardada debajo para añadir un poco de espacio. No tiene por qué saturar la pista si lo utilizas con moderación.

Utilizar tanto la reverberación como el retardo puede arruinar rápidamente una toma de guitarra rítmica ajustada. Si usas demasiado de cualquiera de ellos, acabarás con una pista de guitarra desordenada.

- **Para las voces principales**

Para conseguir una voz principal con mucho cuerpo, elimina la reverberación por completo y utiliza el retardo para ampliar el escenario sonoro. El retardo añade espacio sin hacer que la voz suene distante, algo que ocurre con demasiada frecuencia cuando se utiliza demasiada reverberación. Dependiendo de los BPM de la canción, el estilo y el género, utiliza retardos cortos, medios o largos.

Si se trata de una balada con palabras largas, un retardo largo crea un gran sonido sin sobrecargar la voz. Una canción de rock rápida se beneficia de un retardo corto y sutil, y las canciones de pop con mucho ritmo utilizan retardos medios con gran resultado.

Además, si tienes una "voz en el verso" y una "voz en el estribillo", puedes utilizar fácilmente efectos en el envío para distinguirlas mejor. Por ejemplo, si no quieres un gran reverb en las estrofas, pero crees que sería bueno tener un espacio más grande en el estribillo, simplemente envía la voz de la estrofa al retardo y envía la voz del estribillo a la reverberación. Esto también añadirá contraste al arreglo.

AÑADIR PROFUNDIDAD SIN ESPACIO A LA VOZ

Utiliza esta técnica cuando quieras profundidad vocal sin espacio. Hará que la voz sea más grande y esté más presente sin añadir ninguna cola de reverberación que pueda desordenar la mezcla. Envía las voces a un retardo estéreo con 21 ms en la izquierda y 29 ms en la derecha.

A continuación, utiliza un pitchshifter para desafinar o subir el tono de la voz unos 10 céntimos. Añade el envío por debajo de la pista vocal principal hasta conseguir el ambiente deseado. Una forma avanzada de hacerlo es con dos retardos mono, con una panorámica fuerte a la izquierda y otra a la derecha, con un desplazador de tono que desafine la voz 10 centésimas, mientras que el otro sube el tono de la voz 10 centésimas.

DIFUSIÓN DE LOS RETARDOS PARA SUAVIZARLOS

A veces se desea suavizar un retardo y hacer que las repeticiones del mismo suenen más suaves. Si quiere suavizar los retardos, todo lo que tienes que hacer es añadir una reverberación después del bus de retardo y añadir un retardo corto para que cada repetición de retardo sea difuminada por la reverberación.

- **Para la batería y la percusión**

  El uso de demasiado retardo en la percusión plantea un problema similar al de la guitarra rítmica. Un pequeño retardo sincronizado con los BPM de la canción refuerza la percusión sin darle demasiado espacio en la mezcla.

  Algunos géneros utilizan retrasos en la batería con grandes resultados. Por ejemplo, el sonido de la caja del dub reggae tiene un retardo corto y mucha reverberación de spring para conseguir ese sonido característico. Sólo asegúrate de mantener la retroalimentación baja para que no haga eco continuamente a lo largo del compás.

  Quieres mantener esos ritmos ajustados. Experimenta con retrasos en el bombo y los hi-hats para hacer que un ritmo sencillo sea más interesante. En los recursos de el ***Paso a Paso de la Mezcla*** hay un enlace a un gran artículo con ejemplos en audio de cómo hacer esto exactamente: ***www. StepByStepMixing.com/Resources.***

- **Para órganos, sintetizadores y teclados**

Los retardos medios o largos con una buena cantidad de retroalimentación pueden reforzar el sonido de un órgano o un pad. Si tienes un órgano que toca acordes largos y sostenidos, un retardo largo puede dar a esa base un sonido más pesado. Los retardos simples y rápidos también funcionan muy bien en los teclados porque parece que les gustan los efectos de tipo chorus. Los retardos pueden funcionar muy bien para eso en lugar de utilizar un plug-in chorus.

Añade un retardo estéreo en un bus y haz que un lado retrase la 8va nota y el otro en la 16ta nota. Luego puedes ir más allá y enviarlo a un retardo de cinta modulado que haga coro al retardo estéreo para crear un "brillo" adicional en el sonido.

RETARDOS PARA AMPLIAR EL SONIDO ESTÉREO

Una buena forma de añadir imagen estéreo a tus sonidos sin necesidad de utilizar plug-ins estéreo es utilizar paneo, retardo, y luego modulación dentro del retardo y algo de EQ para hacer que el retardo suene diferente a la otra fuente. ¡La mejor parte es que también hace que brille más en mono!

Esto es lo que hay que hacer:

- **Paso 1 - Paneo**

Desplaza el instrumento sin procesamiento hacia un lado del espectro estéreo. A continuación, envíalo a un bus mono que paneas hacia el otro lado.

- **Paso 2 - Delay**

Añade un pequeño retardo de unos 30 ms. Para mayor medida, utiliza el control de profundidad y velocidad de tu retardo para desafinar y modular ligeramente el retardo para crear una mayor separación. Actívalo y desactívalo para escuchar cómo el instrumento se amplía en el espectro estéreo. Es especialmente bueno para los pads de teclado mono y los órganos. ¡Oooooh exuberante!

Pero aún no hemos terminado, porque en realidad es sólo un Delay mono que panea en este punto.

- **Paso 3 - EQ**

Utilizando la EQ en el bus de delay puedes hacer que el retardo suene diferente a la señal original.

En combinación con el retardo modulado, que se panea a lo largo del espectro estéreo, obtienes un efecto de duplicación pseudo-estéreo que es muy efectivo cuando quieres una profundidad sutil en tus mezclas, pero no quieres andar con plug-ins de ampliación estereofónicos.

La ecualización es muy útil en cualquier situación. No sólo la utilizas para hacer que todos tus instrumentos encajen en la mezcla, sino que también la utilizas para esculpir tus envíos para que funcionen mejor con tus efectos.

La ecualización es muy útil en cualquier situación. No sólo la utilizas para hacer que todos tus instrumentos encajen en la mezcla, sino que también la utilizas para esculpir tus envíos para que funcionen mejor con tus efectos.

DELAYS PARA EFECTOS

Puedes jugar infinitamente con el retardo para crear extraños efectos y ambientes sonoros. Juega con los controles de realimentación para añadir un retardo continuo, haz que cada lado del delay estéreo sea diferente (¼ de notas y ½ notas, por ejemplo), y luego modula y automatiza el retardo para crear efectos diferentes. Combinado con una reverberación e incluso algo de saturación podrás crear algunas texturas locas en tus canciones.

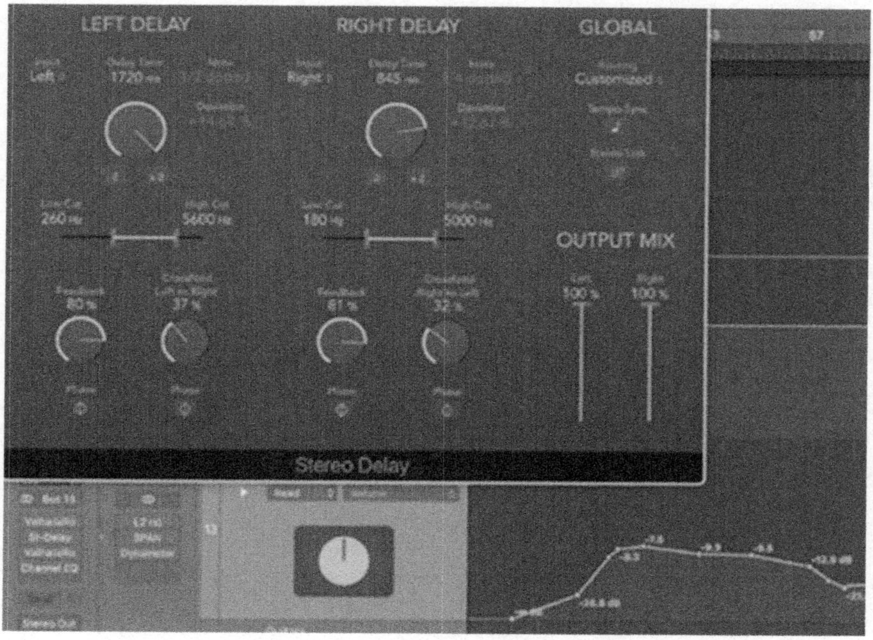

Una de las mezclas de metal que hice tenía una sección de desglose en la que sólo había una guitarra eléctrica solista y una voz, y sonaba realmente sola y vacía. Así que automaticé el power chord distorsionado final de la sección anterior y lo envié a través de una reverberación, un retardo realmente largo y loco (en la imagen de arriba), y luego de nuevo a una enorme reverberación. Luego automaticé el volumen de la sección para que sonara con textura ruidosa debajo de los instrumentos, haciendo que toda`la sección sonara mucho más fría que antes.

Hay un montón de cosas interesantes que puedes hacer con la reverberación y el retardo que no se limitan a las formas estándar de añadir profundidad y espacio. Tómate un tiempo para experimentar con tus pistas y utiliza estos dos efectos para crear emoción y estilo.

Capítulo 6
Saturación

Ahora es el momento de hablar de la Saturación y de algunas formas de utilizarla en tus pistas.

Antes de empezar, quiero que sepas lo que NO es la saturación. La saturación no es distorsión. Puedes usar la saturación para distorsionar, pero por defecto no es distorsión en el sentido de que destruye o ensucia los sonidos. Usada agresivamente lo hará, pero no vamos a hablar de usarla para ese efecto.

En cambio, se puede utilizar para calentar y espesar las cosas, añadir un poco de firmeza (pero no distorsión) a tu sonido y, en general, darle un poco de profundidad añadiendo armónicos a tus pistas.

Existen múltiples plug-ins de saturación. Los plug-ins de la serie de Logic, por ejemplo, incluyen algunos de distorsión que hipotéticamente podrías utilizar, pero en su mayoría son variantes de la distorsión, y no de la saturación de cinta y la calidez de las válvulas analógicas de las que estoy hablando.

Los plug-ins que utilizo habitualmente son estos tres:

- Plug & Mix Analoger
- Fabfilter Saturn
- Waves Kramer Tape

El ***Plug and Mix Analoger*** es sencillo y fácil de usar, como la mayor parte del paquete Plug & Mix.

El ***Fabfilter Saturn*** puede llegar a ser increíblemente complejo si así lo quieres, pero también puede ser súper sencillo. Nos mantendremos en lo simple y práctico porque ese es mi estilo. Tiene múltiples tipos de emulaciones de saturación, desde la emulación limpia de cinta y válvulas, hasta la distorsión pesada, por lo que podría ser un plug-in de saturación de una sola parada, es decir que podrías usarlo solamente para este fin, pero me gustaría compararlos un poco.

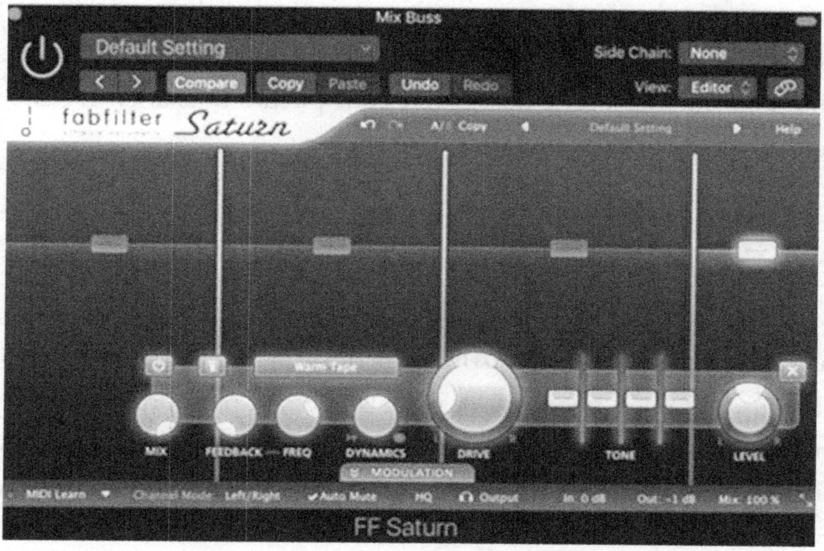

El tercero es el ***Kramer Tape de Waves***, que no es más que una emulación de cinta y con el que es muy divertido jugar. Lo utilizo en muchas cosas, desde en el bus maestro para conseguir algo de calidez, hasta pistas individuales que necesitan algo extra.

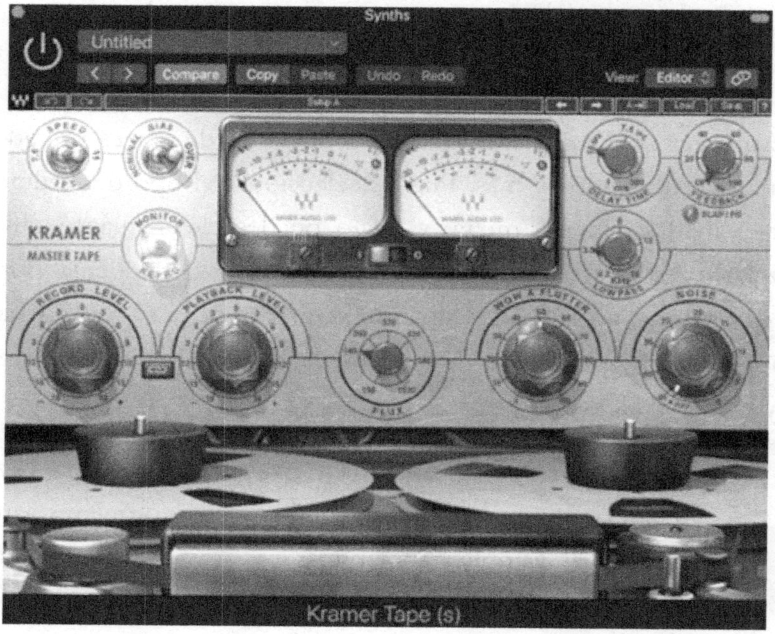

Pero no te desesperes que todos estos son plug-ins pagos. Si simplemente buscas en Google "plug-ins de saturación gratuitos" obtendrás toda una serie de opciones que puedes utilizar en el caso de que no tengas ninguno ahora.

AJUSTES DE SATURACIÓN

Bien, vamos a adentrarnos un poco en estos plug-ins. Puedes revisar las capturas de pantalla de arriba a medida que vayamos viendo estos plug-ins. También puedes descargar las demos para probarlas por ti mismo, y si descargas algunos de los plug-ins de saturación gratuitos disponibles, lo más probable es que tengan algunos de los mismos parámetros.

Espero que al cubrir los parámetros de estos tres plug-ins de saturación tan distintos, encuentres algunas similitudes entre ellos y los acabes utilizando sin ningún inconveniente.

• EL ANALOGER

El Analoger es el más sencillo, con las opciones de graves y agudos y un mando de menos y más. Puedes seleccionar el tipo de saturación entre válvulas, cinta o mixta, y luego puedes elegir cuánto quieres mezclarlo con la señal original. El mando de mezcla es genial porque puedes marcar un sonido realmente saturado, pero si sólo lo tienes configurado para alrededor de un 20% de la mezcla puedes mezclarlo muy bien con el sonido original.

- **Los controles de agudos y graves** son sólo para saber cuánto quieres saturar los agudos y cuánto quieres saturar los graves. Simple y eficiente.

• KRAMER TAPE

El Kramer Tape tiene algunos botones más, pero es puramente una "emulación de cinta".

- **Las velocidades** son por si la necesitas para mejorar la respuesta de las frecuencias bajas o altas. En resumen, la velocidad baja de la cinta es buena para los instrumentos de baja frecuencia, pero también puede utilizarse para atenuar un poco las frecuencias altas si lo necesitas. Esto se debe a que las velocidades de cinta más bajas provocan cierta pérdida de frecuencias altas.

- ***El input*** define si quieres escuchar la señal tal y como llega al cabezal de grabación, o si quieres escuchar la salida mientras pasa por todos los parámetros, como la velocidad de la cinta, el bias, el flujo y todos los demás ajustes del plug-in.

- ***El bias*** es una especie de sobrecarga de la cinta, algo así como añadir un poco más de ganancia a la señal de la cinta. En electrónica es un desplazamiento de CC (Corriente continua), de modo que si se añade una cierta cantidad de polarización, la parte superior de la forma de onda llegará a los bordes antes que la parte inferior de la forma de onda. En algunos plug-ins, esto actúa como una saturación adicional, que puede dar buenos o malos resultados dependiendo de la pista.

- ***El Flux,*** según el manual (que realmente no te dice ningún uso práctico para él), es "esencialmente un factor de ganancia que refleja un nivel más alto en el cabezal de grabación", por lo que en cierto modo añade un poco más de ganancia o distorsión a través de la salida.

- ***El noise*** es sólo eso, ruido. No me gusta mucho porque si usas mucho ruido en varias pistas obtendrás una acumulación que hará que tu mezcla sea realmente sibilante.
- ***El wow y el flutter*** hacen que la señal suene un poco más áspera, o desgastada. Básicamente hacen que la cinta suene más antigua.

Luego tienes los medidores VU, y trato de tener cuidado de hacer un uso correcto, para que no se sobrecargue a menos que realmente lo desee. Suelo quitar el botón "Join" para poder calibrar la entrada y la salida de forma independiente si lo necesito.

La sección de retardo es super conveniente para espacios rápidos. Suelo poner este plug-in de cinta en las guitarras principales y sólo uso el retardo de cinta para crear un poco de profundidad adicional. Puedes conseguir todo, desde un rápido eco de Slap hasta bonitos delays.

• FABFILTER SATURN

El Fabfilter Saturn es uno de mis favoritos porque es increíblemente versátil. No voy a entrar en todos los ajustes, pero aquí está mi guía rápida de lo que suelo hacer.

Obviamente, lo pongo en una pista, y luego selecciono la emulación de saturación que creo que quiero. Normalmente se trata de algún tipo de cinta o tubo, dependiendo de la pista. Luego encuentro la saturación óptima en el mando de accionamiento y, jugando con el control de accionamiento y de mezcla, suelo acercarme a lo que quiero.

El botón de feedback no suele ser útil para mí porque básicamente envía la señal de salida de vuelta a la entrada y puede crear algunos sonidos interesantes, pero para el tipo de cosas que mezclo no suelo encontrarle mucho uso. Puedes pensar en ello como una distorsión continua.

El botón de dinámica funciona como un compresor integrado para la saturación.

El Saturn también tiene este impresionante ecualizador de cuatro bandas que puede ayudar a dar forma a tu sonido. Por ejemplo, esto puede funcionar muy bien cuando quieres añadir saturación a los bajos para resaltar los graves, pero también quieres que las frecuencias medias corten la mezcla. En ese caso, basta con aumentar un poco la banda media para acentuar esas frecuencias.

Una de las funciones más prácticas del Saturn es su capacidad multibanda. Te permite dividir el espectro de frecuencias en diferentes bandas, convirtiéndolo en un saturador multibanda. Esto es muy útil cuando quieres un poco más de suciedad en los bajos, pero quieres mantener los brillos limpios.

APLICACIÓN DE LA SATURACIÓN EN LA MEZCLA

Advertencia: La talla única no sirve para todos.

La razón por la que menciono estos tres plug-ins de saturación diferentes es porque todos ellos reaccionan de forma diferente a cualquier pista en la que los coloque. Incluso si uso el Kramer Tape en el bajo en una mezcla, no necesariamente me dará los mismos resultados en la siguiente.

Recomiendo encarecidamente que pruebes varios plug-ins de saturación para ver cuál reacciona mejor a tus pistas. Si te rindes y abandonas la saturación sólo porque no ha funcionado una vez, te estás engañando a ti mismo, perdiendo un mundo de posibilidades para conseguir una mezcla más cálida y grande.

Recomiendo encarecidamente que pruebes varios plug-ins de saturación para ver cuál reacciona mejor a tus pistas.

1. **Batería**

Para el bombo, es una buena idea probar una saturación simple si necesitas reforzar los graves. Por ejemplo, si utilizas el Analoger, los mandos de agudos y graves son cruciales porque demasiados bajos enturbiarán el sonido, pero aun así querrás subir un poco los agudos para acentuar el extremo superior del bombo. A continuación, es cuestión de trabajar con los mandos de drive y mix para obtener el sonido deseado. Normalmente, los plug-ins tienen un preajuste que pueden darte un buen punto de partida para trabajar.

Lo mismo ocurre con la caja si le faltan los medios bajos y quieres que sea un poco más potente. Por regla general, la saturación tiende a apagar un poco los agudos. Si tienes una caja realmente nítida a la que quieres dar más potencia, es una buena idea comprobar qué puede hacer la saturación para ayudar. Sin embargo, tener un saturador multibanda como el Fabfilter te ayuda a añadir diferentes estilos a diferentes partes del espectro de frecuencias.

Digamos que quieres añadir algo más de grosor a los medios sin añadir más saturación a la ruptura de los medios altos de la caja. Entonces divide las bandas de frecuencia por la mitad y aplica un estilo de saturación diferente a cada banda. Como alternativa, si no tienes capacidad multibanda, puedes duplicar la pista de la caja, añadir un ecualizador antes del plug-in de saturación en la pista extra y filtrar todas las frecuencias que no quieres que se vean afectadas. A continuación, mezcla las dos pistas.

A veces la saturación suena un poco áspera sola, pero si la reproduces en el contexto de la mezcla, puede aportar mucho carácter al sonido.

Debido a la naturaleza de la saturación, puede que no siempre funcione en los overheads de la batería. Si quieres que los platillos sean nítidos y atraviesen la mezcla, deja la saturación fuera. Sin embargo, si te perforan los oídos, puedes controlarlos con un simple emulador de cinta.

2. **Bajo**

Al igual que el bombo, el bajo puede beneficiarse a menudo del peso añadido por la saturación a una pista. Suelo recurrir a mi plug-in Kramer Tape para el bajo si necesito un poco de peso adicional en los graves. Empiezo con un preset, como "bass fingered rock", que es uno de sus presets, y luego ajusto la entrada y la salida para poder escuchar mejor el cambio cuando puenteo el plug-in. Debes asegurarte de que la señal de la fuente tiene el mismo volumen cuando el plug-in está desactivado y cuando está activo. Si la saturación (o cualquier otro plug-in) añade un volumen considerable a tu señal, pensarás automáticamente que suena mejor cuando en realidad sólo suena más fuerte.

3. **Guitarras**

Añadir saturación a las guitarras puede añadir peso extra en los medios-bajos si están sonando un poco finas. También puede reducir lo áspero si tienes guitarras muy distorsionadas con demasiada presencia en los medios altos.

Si quieres que las guitarras acústicas suenen limpias, yo dejaría la saturación en paz. Si lo que buscas es un poco de calidez extra, un plug-in de cinta puede ayudar a que las guitarras estridentes encajen mejor en una mezcla. Una vez más, el uso de un saturador multibanda puede ser útil si quieres que la guitarra acústica sobresalga en los agudos mientras se asienta cálidamente con el resto de los instrumentos en los medios.

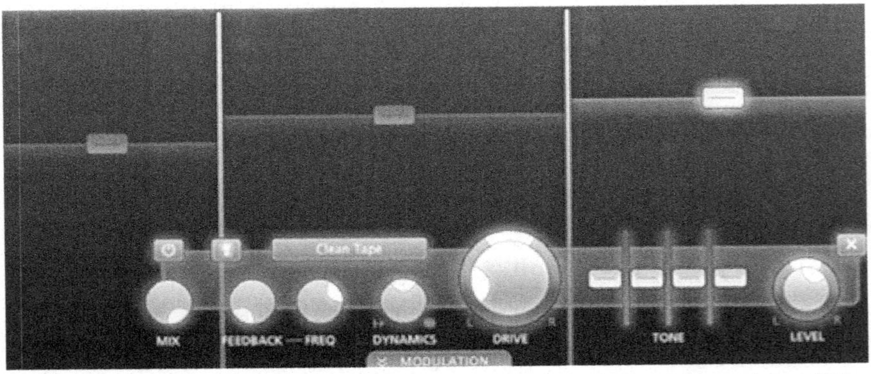

Saturador multibanda con una suave saturación en los graves, una cinta cálida en los medios y una cinta limpia en los agudos.

A veces, la saturación puede ayudar a controlar algunas de las frecuencias más altas. Así que, en lugar de utilizar la ecualización, puedes utilizar un plug-in de saturación. Te ayudará a controlar esas frecuencias más altas en las guitarras eléctricas que suenan con aspereza (me vienen a la mente las Stratocasters con cables), a la vez que te proporciona una saturación suave de cinta o válvulas para añadir un buen contenido armónico a tu sonido. Es una solución más rica que un simple corte de EQ y tu mezcla sacará más provecho de ello.

Hay ocasiones en las que quieres pasarte un poco con la saturación en las guitarras acústicas, especialmente si estás intentando que suenen menos como una guitarra acústica. Una vez estaba trabajando en un EP de rock acústico y lo mezclé "limpio", sin ningún tipo de procesamiento o efectos locos. El músico tenía algunos comentarios e ideas que probar y, antes de que te des cuenta, estábamos experimentando con simuladores de amplificador y saturación en las guitarras acústicas. Hicimos que sonaran menos como guitarras acústicas limpias y más como guitarras rítmicas grungy garagerock. ¿Y sabes qué? Hizo el sonido del disco más emocionante y divertido de escuchar.

4. Teclados y sintetizadores

Dependiendo de lo limpias que quieras mantener las partes del teclado en tu mezcla, puedes enfocar la saturación de forma diferente. Los teclados eléctricos suelen sonar sobrecargados de forma natural, especialmente si se graban a través de un amplificador. Añadir algo de saturación, rozando el overdrive, puede dar a una parte de teclado un papel realmente interesante en la mezcla. Añadir una buena dosis de wow y flutter ayuda a darle ese sonido de teclado de la vieja escuela que suele gustarme, y la cantidad adecuada de saturación puede ayudar a menudo a cortar la mezcla en los medios.

Lo mismo ocurre con los sintetizadores de software si haces algún tipo de música electrónica. Si añades saturación de válvulas a los sintetizadores de software de sonido medio, a menudo puedes reforzarlos lo suficiente como para darles un carácter completamente nuevo y pesado.

5. **Voces**

Con las voces deberías experimentar con tantos estilos de saturación como puedas. Dependiendo del género, puedes optar por cualquier cosa, desde una sutil calidez de cinta hasta una distorsión total. A menudo, un enfoque sutil ayuda a que las cosas se asienten mejor en la mezcla y añade peso a una voz débil.

Cuando decidas si vas a utilizar la saturación en las voces, piensa si quieres utilizar la saturación como una mejora sutil de la calidez para añadir profundidad, o como un efecto audible para añadir presencia y distorsión.

Si buscas una calidez sutil, una emulación de cinta o un plug-in de saturación sutil en la inserción de la pista de voz añadirá un poco de carácter extra. Eso suele ser suficiente.

Sin embargo, si quieres pasarte de la raya y distorsionar las voces, hazlo en un bus paralelo para poder afinar el equilibrio entre la pista limpia y la distorsionada. Créeme, es fácil pasarse de la raya y no sólo añadir demasiada distorsión, sino que también podría producirse una saturación digital accidental, si estás forzando demasiado los niveles.

SATURACIÓN EN SUBMEZCLAS Y BUSES

Por último, creo que la saturación hace maravillas en los buses porque tiende a unir las cosas muy bien. La clave para la mezcla de buses con saturación es intentar ser sutil porque estás añadiendo muchas más señales a los buses y tu plug-in de saturación podría sobrecargarse más fácilmente.

• NO TE PASES CON LA SATURACIÓN

Probablemente he sido muy repetitivo en los últimos párrafos porque todo es muy subjetivo en función de lo que se busque. Y a veces puede que no busques la saturación en absoluto. Así que no te preocupes si sientes que no suena bien en una pista específica. ***No la necesitas en todas partes.***

No siempre pongo la saturación en todo, pero suelo comprobar al menos si aporta algo bueno a la mezcla. Pero si no lo hace, no dudaría en volver a quitarla inmediatamente. Ese es uno de los procesos de pensamiento que siempre debes tener cuando te lanzas a mezclar. En lugar de poner plug-ins sin motivo, hay que hacer una escucha crítica y hacer un A/B (prueba) y un ajuste de niveles para saber que estás haciendo que las cosas suenen mejor.

RESUMEN

Permítanme terminar este capítulo con una historia rápida sobre la vez que fui a Estocolmo, Suecia.

¿Sabías que el Salón Azul del Ayuntamiento de Estocolmo es realmente rojo?

Esto podría no ser una información interesante si no fuera porque en este salón se celebra el banquete anual del Premio Nobel, uno de los eventos más prestigiosos de Suecia, y posiblemente del mundo. ¡Y no sólo el Salón Azul está realmente decorado con ladrillos rojos, sino que los ladrillos están incluso cincelados para que parezcan imperfectos!

Como nos dijo nuestro guía turístico, lo que corrobora la Wikipedia:

> *"En un principio, el vestíbulo iba a estar enyesado y pintado de azul, con una combinación de colores que se asemejaría al agua de la bahía. Pero Östberg [el arquitecto] cambió de opinión durante la construcción de la sala después de ver el ladrillo rojo". Aunque Östberg abandonó su diseño azul en favor del ladrillo rojo incompleto, el nombre "Salón Azul" ya era de uso general y se quedó." - Wikipedia, (los corchetes son míos).*

Dejando a un lado las crisis de identidad de los arquitectos, lo que más me asombró fue lo que el guía nos contó a continuación. Cuando se colocó el ladrillo, parecía demasiado nuevo para el ambiente de la sala. Así que, para que todo fuera antiguo y majestuoso, se encargó a los trabajadores que cincelaran los ladrillos para que tuvieran un aspecto antiguo y desgastado.

Y debido a cómo funciona mi cerebro, esto me recordó al instante cómo utilizamos la saturación para hacer que las pistas puras suenen con más textura. Cuando mezclamos, no todo debe ser limpio y puro. Si queremos que el sonido sea más fuerte, la saturación nos ayuda a conseguir la sensación que buscamos. Podemos tener un sonido vocal perfectamente grabado, limpio y brillante, pero si por alguna razón ese tipo de sonido no encaja con el género de la música.

Entonces añadimos un poco de saturación de cinta y ensuciamos los medios bajos y suavizamos las frecuencias altas, lo que hace que dé una sensación de textura y que encaje mejor en la mezcla.

Así que la próxima vez que necesites reemplazar tu hermosa "pista azul" con algunos rojos violentos, pon ese plug-in de saturación y observa si puedes conseguir lo que estás buscando.

Si has estado mezclando tus pistas mientras seguías este libro puedes notar que lo único que queda por hacer es una simple automatización aquí y allá, y posiblemente hacer algunos ajustes a algunas configuraciones después de referenciar la mezcla en múltiples sistemas de monitores y demás. Recuerda que el 20% del esfuerzo te da el 80% de los resultados, por lo que a pesar de que puedes tener todos estos diferentes plug-ins que se anuncian cada día, no es necesario que te lances por el siguiente nuevo plug-in. En caso de apuro, puedes hacer que una mezcla de calidad funcione con sólo un ecualizador, un compresor, un reverb, un delay y una saturación.

Capítulo 7
¿Cómo Utilizar Una Mezcla de Referencia?

Es posible que hayas oído el consejo de que siempre es una buena idea comparar tu mezcla con una de referencia.

¿Pero qué significa eso? ¿Qué tipo de mezcla de referencia? ¿Cómo se hace?

¿QUÉ ES UNA MEZCLA DE REFERENCIA?

Una mezcla de referencia es una mezcla de calidad comercial que normalmente se ha mezclado y lanzado en el mismo género o estilo que estás mezclando. Es una mezcla que conoces bien, que se escucha bien en diferentes sistemas (sobre todo cuando pruebas la megafonía en el sonido en directo), o simplemente algo que crees que suena muy bien.

Es una mezcla que seleccionas basándote en parte, en tus gustos, pero también en la calidad de la mezcla. Aunque la "calidad de la mezcla" también puede ser subjetiva, la interpretación, la separación y las características generales de la mezcla no lo son tanto.

Utilizar una pista de referencia te da una perspectiva diferente de tu mezcla. Te ayuda a descubrir lo que le falta a tu mezcla y revela incoherencias que de otro modo no habrías notado.

¿CÓMO ELEGIR UNA MEZCLA DE REFERENCIA?

Las mezclas de referencia ideales se encuentran, escuchando música y anotando qué canciones te suenan bien. Es tan sencillo como eso. Es cierto que puede resultar bastante desalentador revisar todas las canciones posibles. Pero siempre que puedas elegir unas cuantas canciones buenas en los géneros en los que trabajas, al menos deberías tener unas cuantas referencias buenas de las que partir.

Sinceramente, tengo problemas con las referencias. Soy perezoso a la hora de referenciar mis mezclas, y es algo que he intentado mejorar en este punto de mi carrera. Pero también creo que la elección de referencias debe ser un viaje personal. Es divertido buscar música que suene bien.

• REGLAS PARA UTILIZAR UNA REFERENCIA ADECUADA

Asegúrate de que utilizas una buena mezcla de referencia desde el principio. Si crees que tu mezcla es mala, no te servirá de nada compararla con otra canción que suene mal.

1. **No a los MP3**

   No basta con escuchar una de tus canciones favoritas y comparar. Necesitas una versión de calidad de tu canción. Nada de MP3, AAC o cualquier otro formato de audio comprimido.

   Sólo sirve el formato WAV/AIFF sin pérdidas o mejor. Por lo general, el master de alta calidad es la última etapa de la producción profesional, así que sólo utiliza audio de calidad para una comparación adecuada.

2. Conoce tu mezcla de referencia

Asegúrate de conocer bien la canción de referencia. Tienes que estar familiarizado con la canción y saber cómo suena en tu sistema y en otros. Elige algo con lo que te sientas cómodo y familiarizado.

Si te faltan ideas sobre lo que constituye una gran mezcla, Ian, de Production Advice, tiene un gran post sobre sus álbumes favoritos.

Lo mejor es que puedes permitirte todos tus placeres culpables en el nombre del "trabajo" o la "investigación".

> ***"Cariño... tengo que escuchar Purple Rain 15 veces al día. Tengo que conseguir este sonido glassy en la guitarra..."***
>
> ***"Cariño... siento que no te gusten los Crash Test Dummies pero Tom Lord-Alge tiene un sonido de caja que no se puede superar".***

Y así sucesivamente...

También puedes conseguir una mezcla de referencia de la banda o del músico que estás mezclando. Pregúntale a la banda qué tipo de música le gusta, y si hay algún disco específico al que quieren que se parezcan sus canciones. Eso acota el proceso de selección inmediatamente.

UNA ADVERTENCIA...

No confundas una canción comercial con una gran mezcla. No siempre van de la mano. He escuchado grandes discos que no suenan tan bien. Pero las canciones son geniales, así que me gusta el disco.

Sin embargo, nunca los utilizaría como mezclas de referencia. Para utilizar una mezcla de referencia de forma eficaz, tienes que seleccionar una mezcla que suene bien.

Preferiblemente una que sea casi inalcanzable porque te retará a mejorar. Tus habilidades de mezcla mejorarán mucho más rápido si tu objetivo es más difícil de alcanzar. Si utilizas una mezcla inferior como referencia, te resultará demasiado fácil. Puede que te sientas bien durante un minuto, pero tus habilidades no mejorarán.

Así pues, las tres reglas para elegir mezclas de referencia que mejoren tus habilidades de mezcla son:

1. 1. Elige un disco que suene realmente bien.
2. 2. Elige la canción que mejor suene de ese disco. (Recuerda que, aunque el single sea tu canción favorita, rara vez es la que mejor suena del disco).
3. 3. Asegúrate de que el disco que elijas suene tan bien que sea casi inalcanzable. Eso te hace esforzarte más y te convierte en un mejor ingeniero de mezcla.

Una vez que hayas encontrado una mezcla de referencia que te guste y que pertenezca al género en el que estás trabajando, debes hacer lo siguiente:

IMPORTA LA MEZCLA DE REFERENCIA

Para utilizar una mezcla de referencia, simplemente importa la canción a tu DAW, en una nueva pista. Asegúrate de que no tienes ningún compresor o plug-in de masterización en el fader maestro porque interferirá con la pista importada.

Por último, asegúrate de que el nivel de la canción se ajusta al tuyo. Es decir, tu referencia debe estar al mismo nivel que tu mezcla.

ESCUCHA CRÍTICA

A continuación, escucha y compara, haciendo el mismo ejercicio de escucha crítica que hiciste cuando empezaste a mezclar tu propia canción.

¿Qué oyes? ¿Cómo está compuesta la mezcla? ¿Qué destaca? Analiza tu mezcla de referencia y haz observaciones de escucha crítica.

Piensa en alto, amplio y profundo. (¿Recuerdas esto de nuestro ejercicio de visualización anterior?)

- **Alto - Frecuencias**

Compara el espectro de frecuencias de ambas mezclas y comprueba si hay algo que destaque. Utiliza un analizador para ayudarte a detectar las áreas problemáticas. El analizador te ayudará a ver en qué se diferencia tu mezcla en cuanto a la ecualización.

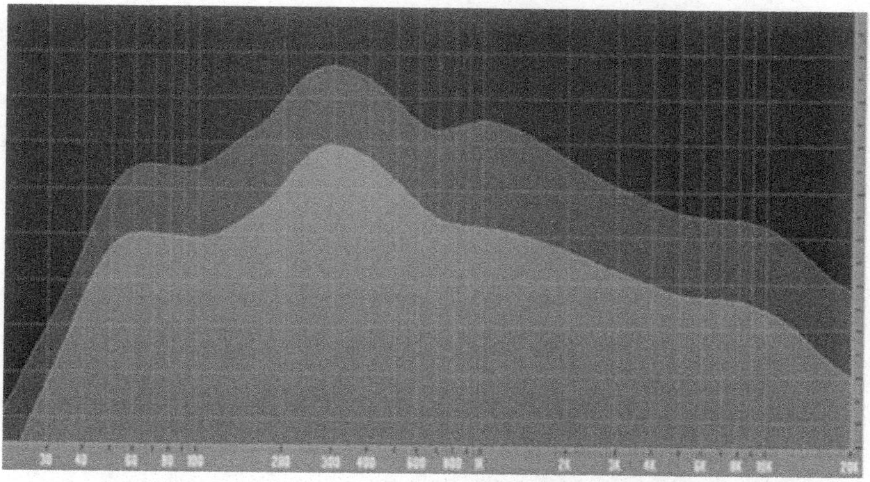

Definitivamente hay algo que no cuadra en la disminución de frecuencias bajas y el extraño pico en los medios-bajos alrededor de 300 Hz.

- **Ancho - Paneo y estereofonía**

Compara la anchura de ambas mezclas. ¿Qué anchura tiene cada mezcla? ¿La batería está paneada a la izquierda y a la derecha, o el kit suena estrecho? ¿Cada instrumento tiene un punto específico en el espectro estéreo, o están paneados en muchos de los mismos lugares? ¿La mezcla tiene muchos efectos estéreo que dispersan los instrumentos por todas partes? ¿Están el bombo, la caja y el bajo fijos en el centro, o se utiliza algo de creatividad en la panoramización?

Lo mismo ocurre contigo. No lo coloques todo en el centro; en su lugar, distribúyelo y encuentra un buen lugar para cada instrumento que coincida con la mezcla de referencia que te gusta.

- **Profundidad - Efectos y reverb**

¿Cómo está procesada la mezcla en general? ¿Los tambores están en frente, o son empujados hacia atrás con reverberación?

¿El ingeniero de mezclas de la referencia utilizó reverberación en la voz, retardo o una combinación de ambos? ¿Suena la canción como una banda que graba en la misma sala, o está llena de sintetizadores artificiales con reverberaciones y retardos separados? ¿Cómo se utiliza la modulación?

Empuja los instrumentos hacia atrás, hazlos avanzar, acércalos o aléjalos. Piensa en la mezcla como si fuera una imagen en 3D cuando intentas hacer coincidir tu mezcla con la de referencia.

Empuja los instrumentos hacia atrás, hazlos avanzar, acércalos o aléjalos. Piensa en la mezcla como si fuera una imagen en 3D cuando intentas hacer coincidir tu mezcla con la de referencia.

RECREAR LA EQ GENERAL

Una de las cosas más difíciles de recrear a partir de una mezcla de referencia es la ecualización general. Por ejemplo, digamos que tu referencia suena con fuerza en los graves y limpia y clara en los agudos, pero tu mezcla suena turbia y plana.

La forma correcta de arreglar la mezcla es volver a cada instrumento y ver dónde está el problema. Averigua dónde está el ruido, elimina el encajonamiento y soluciona el problema utilizando la mezcla de referencia como guía.

Otra forma más sencilla de hacerlo es utilizar los ecualizadores Match. El plug-in Match EQ en Logic escucha tu mezcla de referencia y te permite aplicar esa curva de ecualización al master de tu mezcla. Es genial en caso de estar apurado, especialmente para fines de masterización cuando tus instrumentos suenan muy bien, pero el master necesita algo de ecualización.

Sin embargo, el uso de un ecualizador que coincida es un poco... tramposo. Yo preferiría que aprendieras a entender el espectro de frecuencias para saber instintivamente dónde aumentar y cortar para que tu mezcla coincida con la mezcla de referencia y lo que estás tratando de lograr. Por eso te recomiendo que consultes la guía ***EQ Strategies - Your Ultimate Guide to EQ.***

Te ayudará a entender cómo puedes esculpir el espectro de frecuencias de tu mezcla para que suene más cerca de la mezcla de referencia que estás utilizando.

HAZ QUE TU MEZCLA MEJORE EN BASE A LA COMPARACIÓN

Mientras haces todas estas observaciones en la referencia, intenta recrearlas en tu propia mezcla.

Toma lo que te gusta de tu pista de referencia y remezcla tu propia mezcla en base a eso. Salta de un lado a otro entre tu mezcla y la de referencia para ver si estás progresando. A medida que vayas avanzando en este proceso, no me sorprendería que tu mezcla mejorara considerablemente en su calidad a medida que vayas haciendo pequeños ajustes aquí y allá para acercarte a la pista de referencia.

En este punto te estás acercando mucho a la mezcla final:

- El balance entre las pistas es estupendo y se oye todo con claridad y cada pista tiene el volumen correcto.
- Has ecualizado todos los instrumentos para que estén juntos en el espectro de frecuencias.
- Has controlado la dinámica con la compresión y has añadido fuerza y firmeza a todos los instrumentos necesarios en la mezcla.
- Has añadido espacio con la reverberación y el retardo para que todo no suene de cerca, crudo y en tu cara (¡a menos que lo quieras!).
- Has añadido calidez y un poco de textura a tu mezcla con la saturación para que parezca un poco más profesional.
- Has comparado tu mezcla con una mezcla comercial mediante una mezcla de referencia. Una vez que hayas ajustado tu mezcla para acercarla a la mezcla de referencia, deberías haber hecho algunos ajustes de ecualización y balanceo.

Ahora es el momento de asegurarte de que tu mezcla se traduce con precisión a otros monitores para que, independientemente de dónde reproduzcas tu mezcla, puedas estar orgulloso de subir el volumen para que el mundo la escuche.

Consigue mi magnífica infografía (imprimible), Mix Translation Cheatsheet, para ayudar a que tus mezclas suenen bien en todos los monitores, aunque no tengas equipo profesional: **www.StepByStepMixing.com/Resources.**

Capítulo 8
Monitoreo de la Mezcla

Para terminar la mezcla hay algo que siempre debes hacer para que tu mezcla se escuche bien para todo el mundo. Tienes que escuchar tu mezcla en varios tipos de monitores diferentes y tomar nota sobre lo que te llama la atención y tienes que corregir.

Hacer que tu mezcla se reproduzca en distintos monitores es increíblemente importante. No importa que tengas el mejor equipo del mundo. Si tus mezclas suenan mal en los sistemas malos, tus monitores de gama alta no significan nada.

Aquí tienes tres cosas que puedes hacer para asegurarte de que tu mezcla suena lo mejor posible antes de llevarla al coche o reproducirla en el equipo de música de la casa. Hazlas todas seguidas o ve avanzando entre ellas.

1. Escuchar en mono

Pasa tu mezcla a mono. ¿Todo sigue sonando bien? ¿La dispersión del estéreo es un poco extraña y los retardos de la guitarra, el potenciador vocal y los espacializadores han desaparecido? Entonces empieza a ajustar los efectos estéreo hasta que consigas lo más parecido al sonido que tenías antes.

2. Baja el volumen

Baja el volumen de tus monitores hasta que apenas puedas oír la mezcla.

¿Sigue sonando igual la mezcla?

¿Los instrumentos que quieres que sean dominantes siguen siendo dominantes?

¿Sigues oyendo todo con claridad?

Si no es así, es hora de ajustar los faders para que la mezcla esté más balanceada. Utiliza el ecualizador para añadir más presencia o para reducir el volumen.

3. Cambia los monitores

Lo más probable es que tengas algún tipo de monitores para el ordenador. Si utilizas un portátil, puedes cambiar la salida a los monitores integrados en el ordenador en lugar de los monitores anteriores.

Si utilizas los números 1 y 2 con los monitores del ordenador, la experiencia auditiva será completamente diferente y te mostrará todos los pequeños detalles de la mezcla que no puedes escuchar en tus monitores anteriores.

Los monitores del ordenador, en general, suenan bastante mal. Si consigues que tu mezcla suene convincente tanto en los monitores como en el portátil, habrás recorrido el 80% del camino hacia una mezcla bien hecha.

De nuevo, estas son las 3 cosas que debes hacer cuando termines de mezclar. Personalmente, mi proceso de mezcla es el siguiente:

1. Mezclo en mono en mi Behringer Behritone Mixcube, siguiendo principalmente los pasos que te he mencionado en los capítulos anteriores. El Mixcube es un altavoz terrible que no tiene bajos ni altos. Sólo tiene un driver y suena bastante mal. Sin embargo, si puedo hacer que mi mezcla suene medianamente decente en este altavoz, sé que estoy llegando a algo bueno.

2. Paso mi mezcla a mis Yamaha HS-5 y hago otra ronda de ajustes. Normalmente se trata de un esfuerzo de rebalanceo en la ecualización, pero en este momento también saco la mezcla del mono. Ahora puedo escuchar el espectro estéreo bastante bien. Si me sale un "¡WOW! Esa mezcla se abre de verdad, aunque antes no sonaba mal", sé que voy por el buen camino. Dedicaré algo de tiempo a la reverberación, los delays y otros efectos.

3. Luego escucho mi mezcla en mis Focal CMS50 que están acoplados a un subwoofer. Ahora puedo escuchar realmente todas las pequeñas cosas de la mezcla, así como todas las frecuencias bajas que están presentes. Normalmente, esto me obliga a ajustar la batería, el bombo, el bajo y otros instrumentos que estén en estas frecuencias.

4. Una vez que siento que mi mezcla está hecha, la devuelvo y la subo a Dropbox. Saco al perro a pasear y escucho mi mezcla varias veces con los audífonos, tomando notas mentales de lo que hay que cambiar.

5. También puedo ocuparme de la mezcla de inmediato o bien consultarlo con la almohada y vuelvo a ella con oídos frescos al día siguiente. A lo largo de este proceso, suelo comprobar la mezcla con unos audífonos de alta gama de vez en cuando para asegurarme de que no hay nada raro en la reverberación y los efectos.

6. Una vez que he hecho mis revisiones, suelo pedir la opinión de mi compañero de estudio antes de enviársela al cliente.

7. Si el cliente tiene algún comentario, cambio la mezcla en consecuencia y le envío la mezcla final.

¿Te has dado cuenta de cuántos pares diferentes de monitores y oídos individuales ha atravesado la mezcla antes de terminarla? No quieres confiar en un solo monitor instalado en una habitación para tomar las decisiones finales de la mezcla. Tienes que asegurarte de que tu mezcla se interprete bien en todos los lugares en los que se va a escuchar.

No quieres confiar en un solo monitor instalado en una habitación para tomar las decisiones finales de la mezcla. Tienes que asegurarte de que tu mezcla se interprete bien en todos los lugares en los que se va a escuchar.

¿QUÉ PASA CON LA MEZCLA CON AUDÍFONOS?

La gente me pregunta a menudo: "¿puedo mezclar y masterizar sólo con audífonos?".

100% sí. Pero no te fíes de la palabra de este humilde escritor. Andrew Scheps, el ingeniero de mezcla que está detrás de superestrellas como Adele, Red Hot Chili Peppers, Metallica y Beyoncé, dijo una vez a la multitud en un evento NAMM que él mezcla principalmente con audífonos. Así que, si él lo hace sin muchos problemas, creo que tú también puedes.

Sin embargo, no debería de terminar ahí. Tienes que asegurarte de que tu mezcla se escuche bien donde sea que la reproduzcan.

Así que asegúrate de escuchar tus mezclas en tantos monitores como sea posible para poder escuchar cómo se traducen en el mundo real fuera de tus elegantes audífonos de estudio.

Tu mezcla no sólo puede sonar bien en tus audífonos. También tiene que sonar bien para el resto del mundo. Independientemente de si mezclas exclusivamente con audífonos o no, la regla fundamental de la "traducción o interpretación" es que tu mezcla tiene que sonar bien en todas partes.

Otra cosa, si mezclas exclusivamente con audífonos, estás dejando de lado una parte importante de la ecuación.

- **La sala**

El inconveniente de mezclar con audífonos es que tienes que pasar tu mezcla por todos los sistemas de alta fidelidad que puedas encontrar para asegurarte de que suena bien en una sala real con monitores reales. Desgraciadamente, con los audífonos vas a tener que hacerlo más a menudo si no mezclas con monitores desde el comienzo.

Necesitas la sala que te rodea para tomar decisiones precisas. Cuando escuchas música en monitores, no sólo oyes la música que sale de los monitores, sino también la que se refleja en las paredes. Irónicamente, la sala también es una desventaja, sobre todo si no tienes una sala con tratamiento acústico y suena con eco y reflexión. Si trabajas en una situación de baja calidad sin una sala de estudio decente, los audífonos pueden ser una mejor opción.

- **Bueno para los detalles**

Los audífonos son muy útiles para comprobar los detalles y hacer una escucha crítica muy cercana. Piensa en ellos como una herramienta de zoom para el audio. Cuando necesites comprobar el audio de cerca, escuchas el audio solo y lo escuchas con audífonos. Pero cuando quitas la sala de la ecuación, el sonido cambia.

Dicho esto, la mezcla con audífonos es bastante habitual y sigue las mismas pautas que la mezcla con monitores. Sólo requiere un poco más de tiempo durante la "fase de perfección", porque tienes que hacer que tu mezcla se traduzca a todos los sistemas de monitores.

Si estás atrapado mezclando con audífonos porque te gustaría mezclar tu hardcore EDM metal al lado de tu bebé recién nacido que duerme, aquí tienes algunas cosas en las que debes pensar cuando tienes que mantener el silencio.

- **Utiliza audífonos de calidad**

Utiliza unos buenos audífonos de una marca de renombre que diseñe audífonos para audio profesional, como Sennheiser, Shure o Sony, por ejemplo. Hay más marcas, así que depende de ti investigar para encontrar los mejores audífonos.

No me atrevo a recomendar modelos concretos, porque esta frase caducará más rápido que un comentario de un troll(desconocido) en YouTube. Mientras sigas el resto de los pasos de El paso a paso de la mezcla y hagas una referencia cruzada de tu mezcla en otros monitores, no sólo en tus impresionantes (pero exagerados) audífonos, tu mezcla debería estar bien al final.

- **Comprueba tu mezcla en los monitores**

Aunque no tengas monitores de referencia de calidad en tu habitación, seguro que puedes escuchar tu mezcla en algún tipo de monitores. Los monitores del coche. El sistema de sonido envolvente de tu televisor. El viejo HI-FI ("vintage") de tu padre con el que sólo escucha la radio AM. Cualquier cosa que puedas encontrar. Toma abundantes notas y asegúrate de arreglar todo lo que sobresalga durante la sesión de revisión de la mezcla.

- **Cuidado con la imagen estéreo**

Tus audífonos exagerarán la imagen estéreo porque estás poniendo un altavoz en cada oído en lugar de dejar que cada altavoz se mezcle en la sala. Cuando estés mezclando con monitores, escucharás los dos monitores al mismo tiempo con ambos oídos. Con los audífonos, el oído derecho sólo oye el lado derecho, y viceversa. Eso puede hacer que se tomen decisiones de mezcla extrañas que no habrías hecho si hubieras mezclado con monitores.

- **Los Audífonos de sistema abierto podrían ser mejores**

Debido al problema del estéreo mencionado anteriormente y a la falta de transmisión cruzada de un oído a otro, los audífonos de sistema abierto pueden ser más útiles porque habrá una salida de un oído a otro que no ocurre con los audífonos cerrados.

- **Revisa tus mezclas en otros Audifonos de Cintillo y en Audifonos Earbuds**

Para obtener la mejor interpretación posible, no sólo debes comprobar tus mezclas en tantos sistemas de monitores como puedas, sino que también debes probar distintos audífonos, así como los cutres audífonos del iPhone. Estás mezclando para el oyente, no para el troll audiófilo de Gearslutz, así que asegúrate de que tu mezcla suena bien para el consumidor final. Ellos son lo más importante, independientemente de lo que digan los haters.

Estás mezclando para el oyente, no para el troll audiófilo de Gearslutz, así que asegúrate de que tu mezcla suena bien para el consumidor final. Ellos son lo más importante, independientemente de lo que digan los haters.

- **Utiliza pistas de referencia**

Mezclar con audífonos no cambia la importancia y la utilidad de usar pistas de referencia para que tu mezcla suene más parecida a una mezcla comercial. Es un ejercicio aún más interesante porque las mezclas comerciales a menudo pueden sonar muy diferentes en los audífonos de lo que estás acostumbrado a escuchar en los monitores. Consulta el capítulo dedicado a las mezclas de referencia y sigue el mismo proceso con los audífonos puestos.

- **Utiliza simuladores de sala**

Hoy en día existen algunos plug-ins que pueden emular el sonido de una sala a través de los audífonos. Desafortunadamente, no tengo ninguna experiencia con su uso porque simplemente compruebo mis mezclas en mis monitores, otros monitores y audífonos como comentaba anteriormente. Pero pensé en mencionar la posibilidad, en aras de darte una lista completa de opciones que podrías usar.

- **Los audífonos mienten**

Siempre que mezclas con audífonos corres el riesgo de llevar las cosas demasiado lejos. Como todas las pistas están cerca de tus oídos, automáticamente suenan más fuertes y con más presencia, lo que a su vez hace que añadas más reverberación para retrasar las cosas. O bajas el volumen de la voz porque está demasiado presente en tu mezcla.

Pero el problema es que cuando lo reproduces en los monitores, puedes acabar con una mezcla poco convincente. Las cosas que estaban presentes antes pueden quedar ahogadas por otros instrumentos. La voz puede sonar muy presente en los audífonos, pero una vez que reproduzcas la mezcla en los monitores, se verá desplazada por todos los demás instrumentos. Es más fácil empezar la mezcla con los monitores y luego ajustarla con los audífonos. Pero si los audífonos son todo lo que tienes, asegúrate de comprobar tu mezcla en tantos sistemas de monitores como sea posible. No querrás que esa voz quede ahogada sólo porque fuiste perezoso.

Capítulo 9
Cómo Terminar la Mezcla y Prepararte para el Éxito

Muy bien, hagamos una rápida recapitulación de todo lo que hemos hablado hasta ahora.

En el primer capítulo hablamos de la mezcla en general, del balanceo y la organización básica. Recomendé codificar por colores las pistas, así como agrupar los instrumentos en buses o grupos para simplificar la mezcla.

Es fundamental hacer una escucha crítica de todo lo que ocurre en la canción e incluso tomar algunas notas, o hacer notas mentales, de lo que sobresale que quieres acentuar o necesitas trabajar cuando escuchas las pistas por primera vez.

Por ejemplo, incluso después de conseguir un buen balance, es posible que tengas que trabajar con ciertas pistas más adelante con EQ y compresión si están siendo problemáticas en la mezcla estática.

En el capítulo dedicado a la ecualización hablamos de la limpieza y el filtrado, cortando las frecuencias no deseadas y potenciando las que queremos que resalten. El filtrado es crucial y debes utilizar filtros de paso alto y bajo para limpiar cada lado del espectro. A continuación, realizamos una ecualización sustractiva para eliminar las frecuencias resonantes molestas y acentuamos las pistas favoreciendo las frecuencias agradables con refuerzos.

Después hablamos de la compresión y aprendiste algunos tips útiles para probar en tus mezclas.

En el capítulo dedicado a la reverberación y el retardo, te di algunas formas diferentes de añadir espacio a tus mezclas. Espero que hayas seguido algunos de esos consejos y hayas experimentado por tu cuenta.

La reverberación y la compresión, para mí, son algunos de los aspectos más subjetivos de la mezcla. Puedes utilizar la compresión de cinco maneras diferentes que pueden llegar a sonar bien, y lo mismo ocurre con la reverberación.

La saturación es algo que me encanta utilizar para resaltar el carácter de los instrumentos, pero no siempre funciona y a veces hay que utilizar varios plug-ins diferentes o ajustar la configuración para obtener los resultados deseados.

Por último, te mostré mis métodos para conseguir que las mezclas se traduzcan a diferentes monitores. Además, ten cuidado de no seguir retocando tus mezclas eternamente. Si tu cliente está contento, déjala. Si todos los miembros de tu banda están contentos, ¡déjala ser!

• LOGRAR EL ÉXITO A TRAVÉS DE LA PRÁCTICA CONTINUA

Uno de mis primeros profesores de guitarra me enseñó una valiosa lección sobre la práctica que nunca olvidaré. Se llama KK y es uno de los cantautores más célebres de Islandia. Incluso si nunca has escuchado su música, puede que le hayas visto interpretar al padre islandés de Riley Blue en la serie de Netflix Sense 8.

Adoro a este hombre porque ha moldeado mi forma de pensar sobre la práctica, la perseverancia y el perfeccionamiento de este oficio.

Esta es la historia:

Era la segunda semana de clase y me esforzaba por mostrarle los resultados de la práctica de la semana anterior. Era una sencilla melodía de Bluegrass fingerpicking llamada "Talandi Dæmi".

Sin embargo, esa segunda semana de clase fue un fracaso por una sencilla razón, de alguna manera, pensé que podía aprender a tocar sin realmente practicar.

Era un adolescente punk y me preocupaba más ser conocido por tocar la guitarra (y tener un profesor genial) que realmente dedicar tiempo a aprender a tocar. Es fácil alzarse y presumir de cosas así cuando no tienes que sacar la guitarra y mostrar tus habilidades.

Es similar a ser un músico que "trabaja en su música" todo el tiempo pero que nunca publica nada.

Así que cuando KK me pidió que le mostrara lo que había aprendido, no tardó en darse cuenta de que no había dedicado el tiempo necesario para aprender la pequeña tarea que me había asignado.

Entonces, sin duda alguna, me llamó la atención sobre mi falta de mejora:

> ***"No parece que hayas estado practicando".***

Por supuesto, me costó mucho defender su acusación porque la única forma de demostrar que estaba equivocado habría sido hacer los deberes correctamente.

Entonces me dijo algo que nunca olvidaré.

Estoy parafraseando porque esto fue hace más de 17 años, pero dijo algo parecido a:

> ***"Hay otros chicos en lista de espera, esperando recibir clases conmigo que se tomarán el tiempo de practicar. Si no estás interesado en dedicarle tiempo, hay muchos otros estudiantes esperando para ocupar tu lugar".***

Ese momento marcó mi forma de pensar sobre la práctica y la perseverancia.

Si no estás dispuesto a practicar y mejorar, te pasarán por encima en la vida.

Siempre hay otras personas detrás de ti en la fila que están dispuestas a dedicar el tiempo necesario. Las cosas rara vez te serán regaladas, pero cuando lo son, suelen venir con una trampa. Pero ganar algo porque te has tomado el tiempo de practicar y mejorar a lo largo del tiempo, es algo de lo que estar orgulloso.

Para mejorar, en cualquier cosa, hay que practicar. Serás pésimo al principio, pero es la mejora continua que haces cada día a través de tu práctica lo que te desarrolla como creativo en cualquier campo. Nadie ha expresado esto mejor que Ira Glass, así que ni siquiera lo intentaré:

> *"Nadie le dice esto a la gente que es principiante, ojalá alguien me lo hubiese dicho. Todos los que hacemos trabajos creativos, nos metemos en ellos porque tenemos buen gusto. Pero existe esta brecha. Durante los dos primeros años haces cosas, pero no son tan buenas. Intenta ser bueno, tiene potencial, pero realmente no lo es. Pero tu gusto, lo que te hizo entrar en este juego al principio, sigue siendo mortal. Y tu gusto es la razón por la que tu trabajo te decepciona. Mucha gente nunca pasa de esta fase, lo dejan. La mayoría de las personas que conozco que hacen un trabajo interesante y creativo pasaron esto por años. Sabemos que nuestro trabajo no tiene esa cosa especial que queremos que tenga. Todos pasamos por esto. Y si estás empezando o todavía estás en esta fase, tienes que saber que es normal y lo más importante que puedes hacer es trabajar mucho. Ponte un plazo para que cada semana termines una historia. Sólo con un volumen de trabajo cerrarás esa brecha, y tu trabajo será tan bueno como tus ambiciones. Y yo he tardado más tiempo en descubrir cómo hacerlo que cualquier otra persona que haya conocido. Va a llevar un tiempo. Es normal que te lleve un tiempo. Sólo tienes que luchar por tu camino".*
>
> *- Ira Glass.*

- ## PRACTICA EN PÚBLICO

Como una persona creativa, practico mucho en público. Actúo en vivo con grupos musicales. Pongo mi energía creativa en producir y mezclar música para otros grupos.

Pero lo más importante que hago es escribir. Llevo más de una década practicando la escritura en público, y sigue siendo aterrador dejar que tus pensamientos se escapen al mundo real. Mantenerlos encerrados en tu cerebro es más fácil porque no tienes que preocuparte de si la escritura es buena. Si no publicas tu trabajo, nadie puede decirte que tu trabajo apesta.

Y a veces puede ser una cagada. Es una basura absoluta que nadie debería ver.

Pero si no practico en público, no puedo recibir el feedback que me hace mejorar. Deberías pensar en tu práctica de la mezcla de la misma manera. Practica en público. Y por "público" me refiero a que lancen al mundo sus mezclas, listas para ser destrozadas en cualquier momento por un desconocido de Internet. Y lo que es peor, pueden ser ignoradas por completo.

Teniendo en cuenta las dos cosas, prefiero al desconocido. Así, al menos sabes que tu obra ha provocado alguna reacción emocional, por muy negativa que sea. Esperas que, si alguien se toma la molestia de odiarte tanto, tal vez haya amantes por ahí que se contenten con leer en silencio.

Obtén retroalimentación para una mejora continua

Como soy un creativo analítico, calculo el éxito de mis escritos en función de la cantidad de personas que los leen y se interesan por ellos. En este momento, mi práctica pública ha ganado decenas de miles de suscriptores de correo electrónico que leen mis escritos diarios en Audio Issues. Ese es el tipo de estadística que me hace seguir adelante, incluso cuando la parte creativa de mi cerebro me dice que mi trabajo no tiene sentido.

Sin embargo, nunca habría creado una tribu tan grande si hubiera hecho caso a mi síndrome del impostor y procrastinador interior. Fue la dedicación a practicar en público y pedir humildemente la opinión de los lectores lo que me ayudó a conseguirlo.

Así que si quieres mejorar en la mezcla, no hay manera de evitar la práctica continua que debes hacer para mejorar. Obviamente, puedes comprar un libro (¡como éste!) para ayudarte a entender mejor los temas. Puedes apuntarte a un curso que te ayude a mejorar, o contratar a un profesor para que te enseñe como se maneja todo.

Pero, en última instancia, ese subidón de dopamina por el logro que obtienes al invertir dinero en ti mismo se desvanecerá. No puedes contratar a un gran profesor y esperar mejorar. Sólo se puede mejorar con la práctica continua a lo largo del tiempo.

No hay ningún atajo.

Por eso creo que es tan importante incluir algunas múltiples pistas dentro de mi página de recursos de ***El paso a paso de la Mezcla***. No quiero que te conviertas en un experto en el uso de la ecualización, la compresión, la reverberación, el retardo y la saturación. Ese es mi trabajo, quiero darte los materiales que necesitas para mejorar a través de la práctica y si no puedes dedicar tiempo a la práctica, no te preocupes, hay mucha gente haciendo fila detrás de ti para ocupar tu lugar.

Espero que utilices los consejos que he compartido contigo a lo largo de este libro para hacer una mezcla emocionante.

No olvides tus recursos gratuitos

Si quieres más material sobre mezclas, no olvides descargar todos los recursos gratuitos que he reunido dentro de la sección de recursos del ***El Paso a Paso de la mezcla www.StepByStepMixing.com/Resources.***

¡Estoy deseando ayudarte a mejorar aún más tus mezclas!

Gracias

Antes de que te vayas y pruebes todos estos consejos sólo quería decirte "¡gracias!". Significa mucho para mí que te hayas tomado el tiempo de leer hasta aquí. Hay tantos libros sobre la mezcla y el audio, así que es un honor que hayas elegido el mío.

Si disfrutaste de este libro y te encantó lo que leíste, por favor deja una reseña en Amazon aquí

Esa es honestamente una de las mejores maneras de hacer saber a otros lo valiosa que es esta información. ¡Te lo agradezco mucho.!

Acerca del Autor

Hola, me llamo Björgvin Benediktsson. Ayudo a músicos y productores a conseguir un mayor impacto con su música enseñándoles a producir y a hacer ingeniería por ellos mismos.

He trabajado en sonido en vivo haciendo grandes conciertos en Islandia, mi pais natal (de ahí viene mi nombre), he grabado bandas en Madrid, España (donde fui a la escuela de ingeniería de audio), y ahora produzco, grabo y mezclo bandas locales en Tucson, Arizona (Si, viajo mucho...).

A través de estas diversas experiencias he aprendido una cosa:

Me encanta enseñarte a cómo impactar con tu música y tu producción de audio.

He escrito más de 1.000 artículos sobre audio y he enseñado a miles de productores de Home Studio como tú, a hacer un impacto con su música a través de www.Audio-Issues.com desde 2011.

Si puedo ayudar a alguien a mejorar el sonido de su música y eso le ayuda a conseguir más fans y exposición, creo que he hecho un gran trabajo.

Creo que debo compartir mis conocimientos con todo el mundo, y a través de Audio Issues he podido hacerlo. Puede que no haya ganado ningún Grammy, pero disfruto siendo la persona que inspira a los demás a hacer buena música, al mismo tiempo que aspiro a aprender todo lo que hay que saber (¡y a pagar por ello!).

Eso es lo que me interesa. He aprendido mucho trabajando en la industria durante más de 10 años y espero que mis conocimientos puedan convertirse en tu atajo para llevar tus mezclas al siguiente nivel.

Si quieres saber más sobre mí, echa un vistazo a algunos de mis otros libros y cursos aquí: **www.audio-issues.com/products.**

Made in the USA
Monee, IL
04 November 2026

67383858R00095